中国核学会系列科普丛书

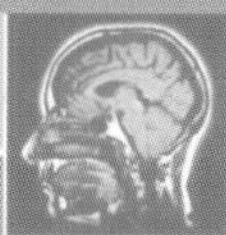

宇宙能源——

聚 变

[英] 加里·麦克拉肯
[英] 彼得·斯托特 著
核工业西南物理研究院 翻译组 译
核工业西南物理研究院 译审组 校

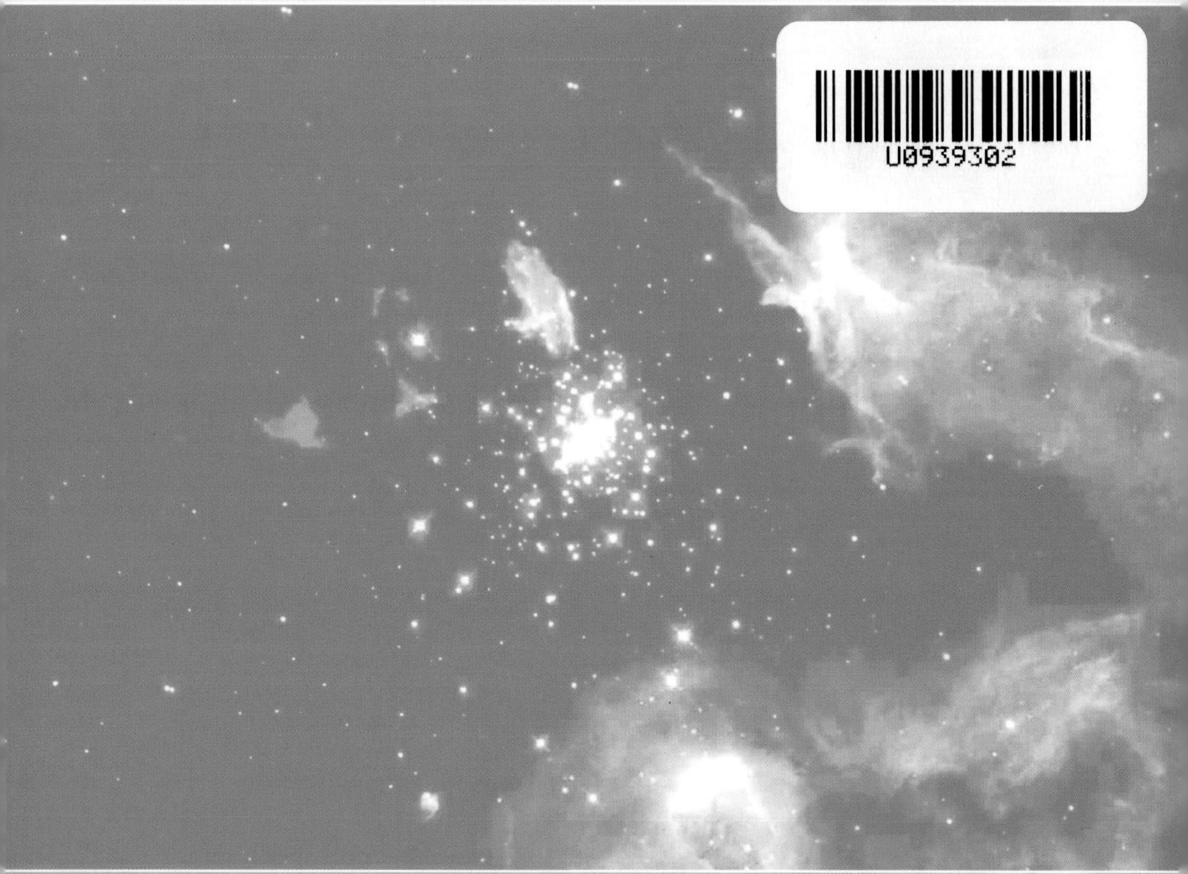

原子能出版社

图字：01-2007-4917

图书在版编目（CIP）数据

宇宙能源：聚变／（英）麦克拉肯，（英）斯托特著；核工业西南物理研究院翻译组译．—北京：原子能出版社，2008.1
（中国核学会系列科普丛书）
书名原文：Fusion：The Energy of the Universe
ISBN 978-7-5022-4032-5

Ⅰ．宇…　Ⅱ．①麦…②斯…③核…　Ⅲ．受控聚变－普及读物
Ⅳ．TL6-49

中国版本图书馆 CIP 数据核字（2007）第 169467 号

内 容 简 介

本书以通俗的语言和表达形式介绍了受控热核聚变的整个发展进程，包括从基础科学思想的产生到对太阳和恒星中聚变作用的理解；解释了太阳中氢燃烧和恒星以及超新星中较重元素产生的过程；论述了人类试图将太阳发生的核聚变反应用于地球能源而在磁约束与惯性约束方法及其他各种途径上为实现热核聚变所做的努力，包括目前在众多探讨的实现核聚变的途径中最为看好的托卡马克研究的最新进展，以及国际热核聚变实验堆（ITER）的进程和未来核聚变电站的建造。最后，还从人类社会文明持续发展与世界能源需求的高度，展望了聚变能发展的前景。

宇宙能源——聚变

出版发行 原子能出版社（北京市海淀区阜成路 43 号 100037）
责任编辑 付　真
美术编辑 崔　彤
责任校对 冯莲凤
责任印制 丁怀兰
印　　刷 保定市中画美凯印刷有限公司
经　　销 全国新华书店
开　　本 787 mm × 1092 mm 1/16
字　　数 200 千字
印　　张 13.125
版　　次 2008 年 1 月第 1 版　2008 年 1 月第 1 次印刷
书　　号 ISBN 978-7-5022-4032-5
印　　数 1-2000　　**定　　价**：48.00 元

　出版社网址：http://www.aep.com.cn

访问下面的网页可得到关于爱思唯尔科学出版物所有信息，
www.books.elsevier.com

本书组织翻译和承担翻译单位网页友情链接

中国核学会　www.ns.org.cn

核工业西南物理研究院　www.swip.ac.cn

对帕米拉（Pamela）和奥尔加（Olga）的鼓励和耐心表示谢意。

译 序

由中国核学会组织，核工业西南物理研究院的专家们翻译的《宇宙能源——聚变》是一本很好的核能科普读物。书中全面地介绍了聚变科学的基本概念、研究对象和方法及其对解决人类最终能源的重要意义；它适合对聚变科学有一定兴趣的普通读者和关注热核聚变研究的科技工作者等在内的广泛读者群，也可用作高校相关专业学生的补充读物。

核聚变科学研究以核聚变与等离子体物理科学为主，涵盖众多学科和技术领域。随着国际热核聚变实验堆(ITER:International Thermonuclear Experimental Reactor)计划的正式启动以及我国正式加入ITER计划，核聚变科学引起越来越多人的关注和兴趣。人们非常迫切需要一本以通俗易懂的形式介绍这门高深学科的科普读物。翻译出版这本书的目的就是为了满足人们的这一要求，使关心和从事聚变科学的科技人员、管理干部及政府相关部门通过阅读本书，能对聚变科学有一个较全面和较深入的了解，从而更好地理解为解决人类最终能源而进行的这项伟大事业。

2007年5月28日，是我国著名的实验核物理学家、两弹元勋王淦昌先生诞辰100周年。王淦昌先生是世界激光惯性约束核聚变研究的奠基人之一，他生前十分支持和关注磁约束核聚变研究的发展。在他的倡导和推动下，经过几十年的努力，我国核聚变科学队伍不断壮大，国际合作与交流也在不断加强，实现了由原理探索到大型装置实验的跨越。选择现在出版这本书也是为了纪念王老献身科学的精神和对聚变研究的卓越贡献。我想王老如果看到我们今天取得的成绩，看到我们已正式加入了国际热核聚变实验堆计划，成为世界核聚变研究大家庭的重要一员，也一定会感到欣慰。

核工业西南物理研究院是我国聚变能研发的重要力量，也是我国参与国际热核聚变实验堆研究计划的重要技术支撑单位之一。先后承担并完成国家“四五”重大科学工程项目“中国环流器一号（HL-1）装置研制”及“十五”“中国环流器二号A（HL-2A）装置工程建设项目”建设任务，实现了我国核聚变研究由原理探索到大规模装置实验的两次跨越发展，为我国核聚变能源开发事业作出了重要贡献。

在该书出版之际，特别要感谢核工业西南物理研究院潘传红院长、刘永副院长对本书翻译出版工作的大力支持和帮助；还要感谢参与本书翻译、审校工作的各位专家在该书的翻译和出版工作中所付出的辛勤劳动以及为普及和传播核聚变科学知识所作的贡献；最后，还要感谢该书作者加里·麦克拉肯（Garry McCracken）和彼得·斯托特（Peter Stott）同意翻译出版本书并专门为中译本撰写新的序言。

中国核学会
秘 书 长

2007年6月

自 序

——为中译本而作

我们荣幸地收到中国核学会提出将本书翻译成中文的建议，并对核工业西南物理研究院的专家们为翻译本书所做的卓越工作表示感谢。中文版将是原英文版的第四种翻译本，其他三种译本分别为捷克语、日语和朝鲜语。

中国拥有50多年的聚变研究历史，这些研究包括磁约束聚变和惯性约束聚变两个主要的分支。从一开始中国就将聚变能的开发作为聚变研究的目标。在20世纪，中国的研究机构建成了多个中型托卡马克装置，例如HT-6B、HL-1、HT-7及HL-1M等，已具备了设计、建造、运行和研究这些托卡马克的能力和经验。除了中国国内的这些工作外，许多聚变领域的学者被派往海外，在研究和工程方面与国外的研究机构开展广泛的合作。

2002年中国最大的具有偏滤器位形的托卡马克装置——中国环流器二号A（HL-2A）在位于成都的核工业西南物理研究院建成，并于2002年11月获得了初始等离子体。在此之后，许多新的诊断系统及大功率的加热系统得到了发展。2006年12月，该装置上等离子体电子温度已达到5千电子伏，等离子体电流达到430千安。此外，还开展了反应堆相关的研究及国际热核聚变实验堆（ITER）的一些项目，包括聚变材料、反应堆设计、实验包层模块、第一壁与屏蔽包层等研究。

中国自行设计的最大的超导托卡马克装置EAST建在合肥。该项目于1996年提出并于1998年获得批准，从2003年至2005年进行装配，2006年3月完成建造，并于2006年9月28日在该装置上得到初始等离子体。2007年2月等离子体电流达到250千安，等离子体放电维持了5秒钟。

在惯性约束聚变领域，中国也取得了巨大进展。“神光”二号U（SGIIU）激光器将于2007年期间运行运行，激光能量将达18千焦耳。计划2010年建成的“神光”三号（SG-III）激光器将具有64个激光束，波长为0.35毫米激光的总能量输出将超过150千焦耳。

自该书英文版发行后的短时间内，人们对世界能源供给状况的认识发生了引人注目的变化。特别是在中国和印度等发展中国家，能源的需求持续增长。人们正付出艰辛的努力以发展风能、生物燃料及其他形式的可再生能源，并且也在认真考虑开展新的裂变能计划。但是，即便所有这些都成功了，能源的供应与需求之间仍存在不断扩大的缺口。显然，如果聚变能的开发能发展到商业生产阶段，它将为人类谋取极大的利益。

关于聚变研究的一些最新进展将在修订过的后记中描述。

加里 · 麦克拉肯
彼得 · 斯托特

2007年6月

原序

聚变为星球提供动力并且从原理上能为地球提供几乎是无限的、清洁的、不污染环境的能源。已证实，利用聚变能源比预期具有更大的科学和技术挑战。尽管如此，早在20世纪70年代，俄罗斯伟大的物理学家列夫·阿奇莫维齐(Lev Andreevich Artsimovich) 曾写道，“当人类需要时，热核聚变能就会准备好”。他说的看上去是正确的，而且那个时间正向我们靠近。因此，这本优秀论著的出版非常及时。

聚变能理论吸引人之处是显而易见的，聚变电站的燃料是水和锂，一台笔记本电脑电池中的锂和半缸水可产生200 000千瓦小时的电，相当于使用40吨煤所发的电。此外，聚变电站不会产生任何大气污染（温室气体、二氧化硫等），因此能满足日益增长的社会对环境的要求。

坐落在英国卡拉姆的欧洲联合环(JET) 和坐落在美国普林斯顿的托卡马克聚变试验反应堆（TFTR），已经产生超过10兆瓦的功率（虽然仅仅是几秒钟），表明可控聚变是实际可行的。下一步将建造一个电站规模的装置，这个装置被称为国际热核聚变实验堆（ITER）。它将产生500兆瓦功率，持续时间达到10分钟。它可以使人们确信建造聚变电站是可能的。聚变能的研发反映了全球的需要，在全球合作下建成ITER应该是指日可待的。

对建造聚变电站所用的材料进行试验也需要付出巨大的努力。它们应该是可靠的而且是经济的。假如材料的试验能和ITER同步推进，一个原型聚变电站有可能在30年之内并网发电。本书描绘了这个令人兴奋的前景。

早在1920年，就有人提出聚变可能是恒星的能量来源。直到1938年具体的机制才被证实。在20世纪40年代，人们开始清楚地认识到原则上聚变能亦可在地球上被利用。但是早期乐观主义者很快意识到这就如同“像罪人希望不通过炼狱而能进入天堂是不可能的”(阿奇莫维齐1962年语)。这个技术难关涉及用确定的磁场位形来约束超过摄氏1亿度（相当于太阳中心温度的10倍）的气体而不使其接触到容器的器壁。解决这个具有挑战性的难题就像用带有弹性的带子去捆缚果酱一样，尽管花了很长的时间，但目前已经找到了解决这个难题的方式。

加里·麦克拉肯(Garry McCracken)和彼得·斯托特(Peter Stott)在聚变研究中有着卓越的成就。正当聚变在能源领域被视作一张具有潜力的王牌的观点日益被接受时，他们的书出现了。我坚信未来聚变能将提供有益于人类的足够的电能，问题是什么时候实现。这本重要的书描述了令人振奋的科学，令人着迷的历史和什么是人类寻求利用星球能源的关键。

克里斯·卢埃林·史密斯(Chris Llewellyn Smith)*

* 克里斯·卢埃林·史密斯教授(Professor Sir Chris Llewellyn Smith FRS)现任英国原子能管理局(UKAEA)卡拉姆部门主任、欧洲原子能共同体英国原子能委员会聚变协会会长、欧洲原子能共同体聚变顾问委员会主席。他曾任欧洲粒子物理研究所（CERN）主任（1994—1998年）。

前言

我们写这本书的目的是为了回答一些经常被提到的问题“什么是核聚变？”简单地说，*核聚变*是两个轻原子结合组成一个较重原子的过程。它与核裂变不同，*核裂变*是一个很重的原子分裂成两个或更多碎片。聚变和裂变都释放能量。也许因为词形相似，聚变和裂变有时被混淆。核裂变很出名，但实际上核聚变的存在更广泛，聚变不断地在整个宇宙中发生，它是太阳和恒星释放能量和从原始的氢中产生新元素的过程。这是非常值得关注的事实。

人类开展了相当多的研究工作，试图在地球上利用聚变产生能量。聚变将为人类提供无污染和无穷尽的能源。然而，为了释放聚变能，必须把产生聚变的燃料加热到令人难以置信的1亿摄氏度的高温，这实际上比太阳的温度还要高。问题是怎样容纳如此热的燃料，很明显，没有任何容器材料能承受如此高的温度。有两种可供选择的方法：第一种方法是用磁场形成一个绝缘层解决这个难题。经过50年艰苦的研究之后，这种被称为*磁约束*的方法现在处于可能建造原型发电站的阶段；第二种方法是快速压缩和加热燃料，在燃料膨胀之前使其燃烧和释放聚变能。这种被称为*惯性约束*的方法仍然处在其科学可行性需要验证的阶段。

这本书介绍了聚变的整个发展进程，包括从基础科学思想的产生到对太阳和恒星中聚变作用的理解。本书解释了太阳中氢燃烧和恒星以及超新星中较重元素产生的过程；详细讨论了在地球上利用磁约束和惯性约束方法实现聚变能源的进展，包括从科学探索的开始到聚变电站的建造；简单解释了氢弹的原理并回顾了在探索聚变能过程中各种不成功的尝试；最后一章则从世界能源的需求讨论了聚变。

本书的编排结构适合广大的读者阅读。特别是我们希望它适合没有科学背景但对科学有兴趣的读者,也可以用作学生正式课本的补充教材。书的正文用最少的科学术语和方程式，并且尽可能用简单和直观的语言解释科学概念。另外，资料和更多专业的细节通过穿插在各章节中的附注给出，以帮助读者进一步认真理解一些基础物理知识，并且促进他们了解更进一步的文献。但是这些内容并不是必读部分，普通读者可跳过这部分内容，因为正文部分已经包含了理解聚变知识所有必需的内容。本书介绍了令人振奋的科学发现，并给出了一些对这些研究有贡献的著名科学家的画像。

加里·麦克拉肯
彼得·斯托特

2004年11月

致谢

在撰写本书的过程中，我们利用了许多科技期刊和其他出版物中有关聚变的资料，以及很多未发表的内部资料和讨论稿。我们尽力试图准确、客观地阐述聚变研究的发展历程。聚变研究的发展反映了我们所探索的各种途径的相对重要性，弘扬了世界各国聚变研究机构为聚变研究做出的卓越贡献。不可避免，一些读者会认为对本书所阐述的部分论点、论题以及描述的贡献还有必要进行更详细的论述。

我们对在各方面给予我们帮助和建议的所有同仁表示感谢。我们尤其要感谢约翰·韦森(John Wesson)、吉姆·黑斯蒂(Jim Hastie)、布鲁斯·利普希茨(Bruce Lipschitz)、彼得·斯坦杰伯(Peter Stangeby)、斯宾塞·皮彻(Spencer Pitcher)和斯蒂芬·皮彻(Stephen Pitcher)。感谢他们花费大量的时间和精力审阅本书初稿，以及感谢他们对本书的改进提出了建设性的批评和宝贵的建议。我们还要感谢克里斯·卡彭特(Chris Carpenter)、杰斯·克里斯琴森(Jes Christiansen)、杰弗·科德(Geoff Cordey)、理查德·登迪(Richard Dendy)、约翰·劳逊(John Lawson)、拉蒙·利珀(Ramon Leeper)、永岭谦忠(Kanetada Nagamine)、彼得·诺里斯(Peter Norreys)、尼尔·泰勒(Neil Taylor)、弗里茨·瓦格纳(Fritz Wagner)、戴维·沃德(David Ward)、艾伦·伍顿(Alan Wootton)以及帮助我们审查书中的要点和细节，慷慨地提供图片和那些在其他方面给予我们帮助的同仁。特别感谢爱思唯尔学术出版社的杰里米·海赫斯特(Jeremy Hayhurst)、特罗依·利利

(Troy Lilly)及其同事，感谢他们给予我们的耐心指导和鼓励。

本书陈述的内容和表达的观点仅代表作者本人的观点，不代表欧委会或欧洲聚变计划的观点。

作者感谢以下这些机构和个人允许使用下面这些图片：欧洲聚变发展协会·欧洲联合环EFDA-JET（图1. 2, 2. 5, 3. 8, 4. 4, 4. 5, 4. 6, 4. 8, 5. 2, 5. 4, 9. 2, 9. 3, 9. 8, 10. 1, 10. 3, 10. 5, 10. 6, 10. 7, 10. 8, 11. 1)；英国原子能管理局（UKAEA）卡拉姆实验室(图5. 3, 5. 6, 5. 7, 5. 8, 11. 2, 11. 5, 12. 3，以及图5. 1, 5. 9, 9. 1, 10. 2中的编档保存照片)；美国加利福尼亚大学劳伦斯·利弗莫尔国家实验室(图 7. 6, 7. 7, 7. 8, 7. 9, 7. 10,和 7. 14)；美国桑迪亚国家实验室(图 7.12和7.13)；德国伽兴马克斯·普朗克等离子体物理研究所(图 9.6)；美国普林斯顿等离子体物理实验室(图 10.4)；国际热核聚变实验堆 ITER(图 10.10)；约翰·劳逊（Jchn Lawson）（图 4.7)；国家医学图书馆（图 1.1)；伊夫林·爱因斯坦（Evelyn Einstein）（图 2.1)；英国皇家学会（图 2.3)；英国剑桥特里尼蒂大学的硕士研究生及研究员（图 2.4)；美国宇航局（NASA）图片（Solarviews.com）（图 3.3)；埃米里奥·塞格雷（P Emilio Segrè）档案馆（图 3.4和图 5.5)；盎格鲁-澳大利亚观察站/大卫·马里（David Malin）（图 3.6、3.7)；由斯坦利 A.布卢姆伯格（Stanley A. Blumberg）和路易斯 G.派诺斯（Louid G. Panos）撰写，1990 年斯科里布纳父子公司（Scribner's Sons）出版的《爱德华·泰勒》中的“泰勒家庭档案”(图 6.1)；全俄实验物理研究所（VNIIEF）博物馆与档案馆、美国物理学会（AIP）埃米里奥·塞格雷（Emilion Segrè）档案馆、《今日物理》汇集（图 6.4)；诺贝尔基金会（图 7.5)；图 3.1 最早出现在1910年由麦克米兰（Macmillan）撰写的*The Life of William Thomson*这本书中。这些资料的副本仍然保存在最初版权所有者手里。

我们尽一切努力与所有的版权所有者取得了联系。作者愿意将他们发现的一些错误或忽视的地方在将来的版本中给予弥补和纠正。

本书作者对原稿中的一些图进行了重新绘制或修改。这些图包括：图 3.5（*Nucleosynthesis and Chemical Evolution of Galaxies, B.E. J. Pagel ,1997* 年，英国剑桥大学出版社）；图 6.2[*Dark Sun: The making of the hydrogen bomb*, R. Rhodes,1996年，美国纽约西蒙·舒斯特（Simon and Schuster）

出版社]；图7.1，7.2，7.11[*Physics of Plasmas, J. Lindl*, 2(1995)3939]；图8.1(*Too Hot to Handle: The story of the Race for Cold Fusion* , F. Close ,1990年, 伦敦 W.H.Allen 出版社)；图 8.2[J. Phys. G 29(2003)2043, K. Ishida 等人]；图 9.4(原图由美国通用原子能公司绘制)；图 9.5 [*L' Energie des Etoiles, La Fusion Nucleaire Controlee* ,P-H Rebut ,1999年, 巴黎奥迪勒·雅各布(Odile Jacob)出版社]；图 12.1[世界能源委员会报告:*Energy for Tomorrow's World: the realities ,the real options and the agenda for achievement* ,1993年, 纽约横圣马丁(St. Martins)出版社]；图12.2[*Key World Energy Statistics*：2003 版（国际能源机构 IEA: 巴黎, 2004 年)]。我们还要特别感谢斯图尔特 · 莫里斯(Stuart Morris)及其同事特地为本书绘制或修改图片。

目录

附注目录

本书加框部分的附注内容是对正文主要部分的补充。它们是为有更多专业背景的读者设计的。一般读者可以跳过，但不影响阅读时的连贯性。

第 1 章

什么是核聚变

1.1 炼金术士的梦想

中世纪时，炼金术士的梦想是将铅变成金子。当时解决这一问题仅有的方法本质上是化学方法，这注定是要失败的。19世纪，化学科学取得了巨大的进步，明确了铅和金子是不同元素，不能通过化学过程相互转化。然而，19世纪末放射性的发现才使人们认识到有时元素能自发转变（*嬗变*）成其他元素。之后，科学家找到了如何用高能粒子在多种元素中产生人工嬗变的方法。这些高能粒子或者是由辐射源产生的，或者是由20世纪后发展起来的强有力的物理学新手段加速的。特别值得指出的是将原子分裂开（这个过程称作*核裂变*）或把它们聚合到一起（这个过程称作*核聚变*）都是可能的。炼金术士（见图1.1）不曾明白，用他们的这些解决方法是不可能实现他们所追求的目标的，但是在某种意义上可以说他们是人类研究核嬗变的先驱。

炼金术士没有意识到核嬗变就发生在他们的眼前，发生在太阳里和夜空所有的恒星中。这些发生在太阳和恒星的过程，特别是它们长久维持巨大能量输出的来源，长期困惑着科学家们。一直到20世纪早期，核聚变才被认识到是宇

图 1.1　炼金术士正在寻找将铅变成金子的秘密

因为炼金术士只会用化学方法，所以他们不可能实现他们想要的核转换。[来自少年大卫·特尼尔斯（David Teniers，1610—1690年）油画作品雕刻版]

宙运转的能量来源和产生我们周围所有不同化学元素的机制。

1.2 太阳能

在科学发展史上，对于太阳和恒星的辐射能量是由核聚变产生的这一认识走过了三个阶段。第一阶段是爱因斯坦（Albert Einstein）在1905年提出的著名的推断：质量可以转化为能量。第二阶段是在10年后弗朗西斯·阿斯顿（Francis Aston）对原子质量的精确测量，结果表明：4个氢原子的质量略大于氦原子的质量。基于以上两个关键的结论，亚瑟·埃丁顿（Arthur Eddington）等人在1920年提出，如果在太阳和恒星中4个氢原子能结合成1个氦原子，则质量可以转化为能量。用这个模型引出一个重要问题：按照经典理论，太阳温度不够高的话，核聚变是不可能发生的。一直到20世纪20年代末，*量子力学*的建立才使人们开始对核聚变有了完整的认识。

回答了宇宙中能量来源问题之后，物理学家又提出各种原子是怎么产生的问题，答案还是聚变。氢形成氦的聚变只是既长又复杂的链的开始。3个氦原子可以聚合成1个碳原子且其他所有更重的元素也都可以通过一系列更为复杂的反应形成。核物理学家在给出这个结论中起了重要作用。通过在实验室的加速器中研究各种核反应，核物理学家可以推断出不同条件下的最可能发生的反应。把这些数据与天体物理学家的恒星模型结合起来，可以建立起统一的恒星的生命周期图像并能给出宇宙中各种原子产生的过程。

1.3 我们能够用聚变能吗

既然太阳和恒星的能量来自聚变，那我们自然会问，能不能在地球上实现质量能量转换？如果可以，这种能量能不能造福于人类？1933年，著名物理学家也是原子结构发现者的欧内斯特·卢瑟福（Ernest Rutherford）在英国科学促进协会上发表了让他丢脸的声明：我们不可能把原子能用于商业，我也相信我们永远做不到。这是他的一次判断失误。不是每个人都认同卢瑟福的观点，早在1914年，威尔斯（H.G.Wells）就在一本小说中预言了核能的利用。

1939年，奥托·哈恩（Otto Hahn）和弗里茨·斯特拉斯曼（Fritz Strassman）演示了用中子轰击铀可以使铀分裂并伴随大量的能量产生，表明质量转化为能量很有可能成为现实——这就是裂变。从裂变链式反应到裂变堆，再到原子弹的过程，是大家所熟悉的。但已证实，氢弹的进程和聚变能的探索却要困难得多。这很好理解，因为中子不带电，用中子轰击时它可以很容易穿透铀原子核使铀核不稳定而发生分裂。为了发生聚变，两个氢原子必须很靠近才能使它们的核合并。但是氢原子的核是带电荷的，电的斥力很大。必须有相当高的能量才能让氢核靠近而实现聚变。

1.4 人造太阳

在曼哈顿计划中制造第一颗原子弹（裂变）的科学家们很了解聚变反应。毋庸置疑，尽管他们讨论了聚变可以作为一种能源开发的可能性，但是却没有提出实际的发展计划。尽管有明显的技术难题，二战后不久人们开始认真考虑受控聚变能的概念。研究工作开始在英国的利物浦大学、牛津大学和伦敦大学进行。主要倡导人之一是诺贝尔奖获得者乔治·汤姆逊（George Thomson），他是电子的发现者约瑟夫·约翰·汤姆逊（J. J. Thomson）的儿子。实现聚变通常的方法就是将氢加热到很高的温度，使相互靠近的原子具有足够高的能量而融合在一起。最先设想的是用磁场约束高温聚变原料可能使聚变反应持续足够的时间。20世纪50年代，聚变研究在英国、美国和苏联秘密地进行。1958年聚变解密后，在许多技术先进的国家也相继开展了此项研究工作。最有前景的聚变反应发生在氢的两种稀有同位素*氘*和*氚*之间。氘天然存在于水里，因此很容易得到，而氚不能以游离态的方式存在于自然界，只能在反应堆现场产生。在*增殖循环*中氚可以用聚变反应的产物与围绕反应室的锂层相互作用而得到。因此聚变的基本原料就是容易得到的和广泛存在的锂和水。聚变电站跟传统电站一样，大部分能量是以热能的形式释放出来，热可以被提取并被用于产生蒸气和推动涡轮机。图1.2给出了其工作原理示意图。加热和用磁场约束高温燃料的问题比开始想象的要困难得多。

1952年，氢弹的爆炸成功间接推动了和平利用聚变能的研究，激发了受控核聚变的第二种方法。这就是快速加热燃料到足够高的温度，在燃料来不及逃逸时实现聚变。1960年激光器的发明为实现这种聚变方式提供了可能。激光可以把高能脉冲聚焦到靶丸上。这种方法就是快速加热或压缩一个小靶丸进而产生一系列小的核爆。因为聚变燃料靠自身的惯性来约束，所以被称为*惯性约束*。尽管其他国家目前都在为和平利用核能研究聚变，但是，起初这项专门的技术只限制在那些已经拥有核武器的国家，一些细节处于保密状态。除了加热和约束燃料的方式不同，从把聚变能转化为电能的方式上讲，惯性约束与磁约束很相似。

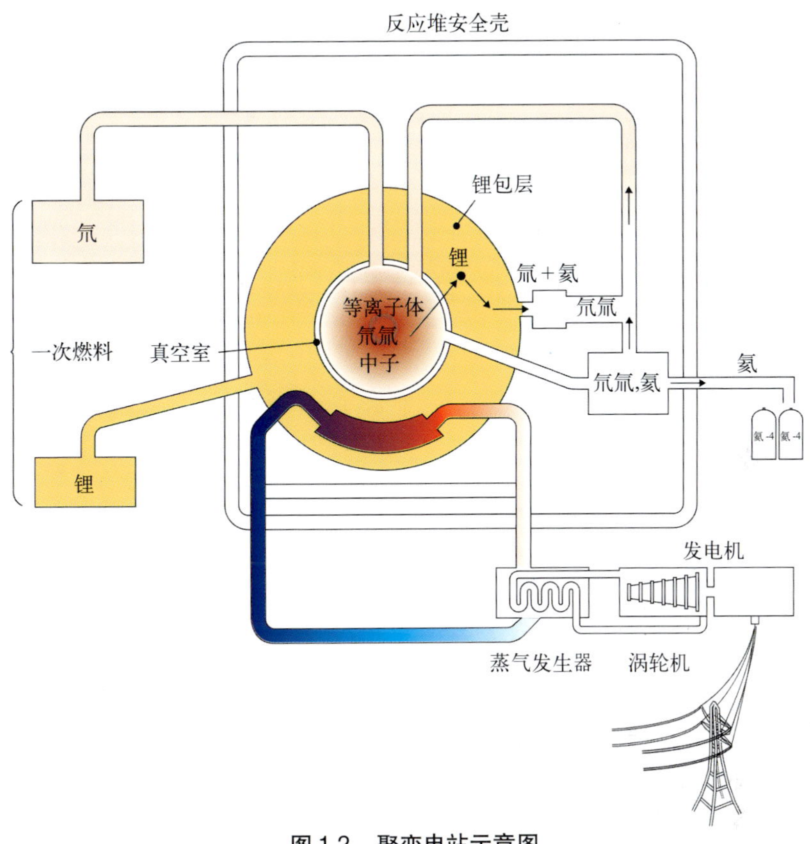

图 1.2　聚变电站示意图

氘和氚在中心反应室极高的温度下燃烧。能量以带电粒子、中子和辐射的形式释放出来，并被反应室四周的锂包层吸附。中子撞击锂产生氚燃料。传统的蒸气电站被用于使核能转变成电能。核反应产生的废物是氦

1.5 小 结

磁约束和惯性约束共同面临的巨大科技难题已经使这些计划持续了许多年。探索聚变能成为科学家们遇到最困难的挑战之一。经过多年努力后，通过磁约束途径实现热核聚变的科学可行性已得到验证。预计下一代惯性约束实验也会达到同等水平。发展技术并将取得的科研成果用于经济上可行的核电站将是重要的一步，但这需要更多的时间和努力。一些人希望找到更容易的方法获得聚变能。这种想法引导他们进入死胡同，甚至导致几个假成功的声明，其中最广泛宣称的是“冷聚变”的发现，它将在第 8 章进行详细描述。

第 2 章

质量转变成能量

2.1 爱因斯坦理论

*能源*是我们大家都熟知的事物。它以多种形式出现，如电、光、热、化学能和*动能*。19世纪的一个重大发现就是*能量守恒*。能量可以从一种形式转换到另一种形式，但其总量保持不变。*质量*更是众所周知的，尽管有时不太准确地称为“重量”。在地球的表面，质量和重量经常被认为是同一个东西，而且使用相同的单位，一个物体的重量为1千克，它的质量也是1千克。但严格地说，*重量*是物质在地球的重力下所受到的力。一个物体虽然在外部空间可能出现失重，但其质量是相同的。跟能量一样，质量也是守恒的。

质量和能量等同——这个不同凡响的想法是爱因斯坦（见图2.1）在他1905年发表的一篇仅有3页的简短论文中提出的。当时年轻的爱因斯坦在科学界实际上并不出名。就在同一年他还发表了有关光电、布朗运动和狭义相对性的3篇研究论文。亨利·贝克勒尔（Henri Becquerel）在10年前就已发现放射性。用简单方程和能量与动量守恒规律，爱因斯坦论证了原子发生放射衰变，以辐射方式释放能量之后，剩余的原子的质量一定比最初的原子的质量小。为此他推论“如果一个物体以辐射形式释放能量 E，那么其质量减少 E/c^2。”他进一步陈述，“用能量可变度高的物质（如镭盐）成功地检验这个理论不是不可能的”。

爱因斯坦的推理一般可写为 $E=mc^2$，这可能是物理界最为著名的方程。该方程表明，质量是能量的另一种形式并且能量等于质量乘以光速的平方。尽管要通过实验证明这个完整理论的预言需要花费很长一段时间。但我们现在仍然知道该方程是最重大的科学成果之一。

图 2.1　玛丽亚（Maria Maric）和爱因斯坦（Albert Einstein）的结婚照

摄于1903年1月。爱因斯坦毕业于1901年，做了许多科学应用工作，但都没有成功。最终在伯尔尼（Berne）的瑞士专利办公室获得一个“三等技术专家”的职位。这意味着他必须利用业余时间来做他所有的研究工作

2.2 元素的构成

如果想了解爱因斯坦理论是如何发展到聚变能概念的，需要追溯到19世纪中期。随着化学的发展，很清楚一切事物都是由比较小的被称做*“元素”*的基本成分组成。那时已有约 50 种元素得到确认，但现在我们知道的约有 100 种。随着对不同元素的知识积累，很明显存在一些具有相似特性的组群。然而直到俄国化学家德米特里 · 门捷列夫（Dmitri Mendeleev）提出*周期表*才知道这些元素之间的关联。1869 年，他公布了一个表，在这个表中元素按行排列，最轻的

元素，如氢元素排在首行，最重的元素排在最末一行。具有相同物理和化学特性的元素放在相同的竖行。这个表最初是不太完美的，主要是因为其数据不精确和一些元素尚未被发现。事实上，门捷列夫表的空缺激发了科学家们去寻求发现新的元素。

每种元素都由被称做“*原子*”的小单位组成。1911 年，欧内斯特 · 卢瑟福推导出原子有一个带正电荷被称做“*原子核*”的重核心。带负电的被称为“*电子*”的轻粒子云围绕这些核。电子的负电荷与原子核的正电荷彼此平衡导致原子不带电。每种元素具有不同的正电荷和电子数。这就决定了元素的化学特性及其在门捷列夫表中的位置。氢是最简单的元素，每个原了仅有 1 个电子；氦是下一个，只有 2 个电子；锂有 3 个电子；依此排列，最后到有 92 个电子的铀，它是自然界中最重的元素。氢和氦原子的结构示意图在图 2.2 中给出。

化学家们研究出专门技术测量各种元素中原子的平均质量——*原子质量*(也称之为“*原子重量*”)。发现很多元素的原子质量接近氢原子质量的整数倍，这表明重元素可能是由某种类似于氢的东西构成，当时人们并不懂得这一点。举一

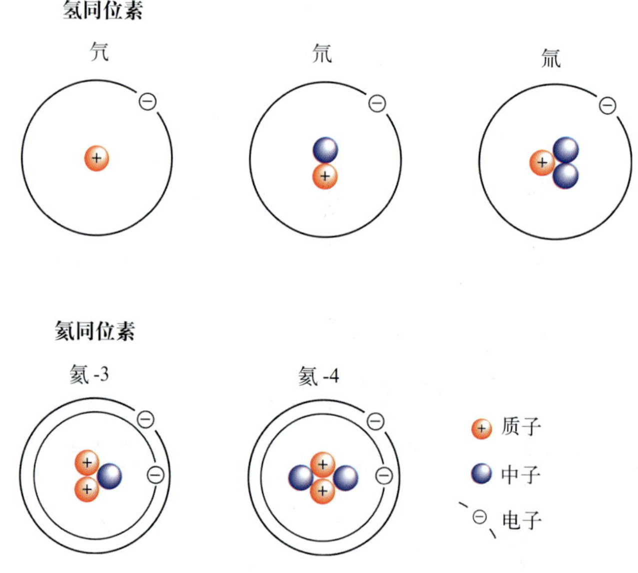

图 2.2 氢和氦的不同原子结构

具有相同质子数和不同中子数的原子被称为同一类元素的同位素

些通常的例子，碳原子的质量大约是氢的12倍，而氧原子的质量是氢的16倍。然而这里有让人困惑的例子，比如说反复测量氯原子的质量得到它是氢的35.5倍。

接下来的重要一步是直接测量单个原子的质量。英国剑桥大学的弗朗西斯·阿斯顿（Francis Aston）（见图2.3）在1918—1920年期间建造了可进行这项工作的仪器（见附注2.1）。在伯明翰（Birminghan）研究化学的阿斯顿，对在低压放电管中气体通过的电流发生了兴趣。1910年，他被约瑟夫·约翰·汤姆逊邀请到剑桥大学卡文迪许（Cavendish）实验室。当时汤姆逊也用放电管研究阳极射线。阿斯顿帮助汤姆逊建造一个可测量放电中正粒子荷质比的装置。

图2.3 弗朗西斯·阿斯顿（Francis Aston）（1877—1945年）

1922年，他获得“诺贝尔化学奖”。当他还是学生时，在父母的仓库里建立一个实验室，开始了他的科学生涯

附注2.1

质谱仪

阿斯顿质谱仪是原子质量研究中的一个重要进展。他通过电场放电或用电子束电离原子使得到的离子束在电场中被加速到一定的能量。它由下面方程决定

$$\frac{1}{2}mv^2 = eV$$

这里，m是离子的质量；v是速度；e是离子的电荷；而V是加速离子的电压。

然后离子通过一个均匀磁场。在垂直磁场和离子运动的方向，磁场对粒子施加一个力。磁场（B）给离子提供向心力使其做圆周运动。圆的半径（r）由如下方程给出

$$mv^2 / r = Bev$$

因为所有的离子有相同的能量，所以圆的半径大小依赖于离子的质量电荷比。这样离子在空间上被散开，这与光通过棱镜一样。阿斯顿选择的几何学布局主要优点之一是：同样质量电荷比的离子通过探测器可实现空间聚焦。这样就优化了离子的收集效率。

各种类型的质量谱仪（用同电荷测量的被称为*质谱仪*）被发展起来并广泛用于分析日常各种类型的样品。一种有意义的应用是在考古中通过测量一种元素的两种同位素含量比以确定年代。如果一种同位素是放射性的，则可以推导出样品的年龄。对 ^{14}C 和铷同位素 ^{85}Rb 及 ^{87}Rb 这种分析是实用的。但也可以使用其他元素，这取决于被分析样品的年代。

第一次世界大战之后，阿斯顿回到了剑桥大学并用新方法测量原子质量。这是对汤姆逊仪器的很大改进。他使原子在放电中失去一个或更多的电子而得到一个带正电荷的*离子*。这些离子在电场中被加速到一定的能量，然后通过磁场。通过测量其在磁场中的偏离程度，阿斯顿可以确定原子的质量。这种仪器被称做*质谱仪*是因为类似棱镜分散光，它可以把离子束分散成一个谱。阿斯顿是追求准确性的卓越实验学者。他的测量越来越准确，最后他可以确定一个原子的质量的千分之一。准确的测量得到很多完全意想不到的结果。这是从纯属科学好奇导致有价值的实际信息的很好例证。阿斯顿发现一些原子有相同的化学性质但有不同的质量。这解决了对氯的原子重量的疑惑。有两类氯原子：一类是氢原子质量的35倍，占75%；另一类是氢原子质量的37倍，占25%，平均是35.5。这与化学测量的质量一致。阿斯顿发现，有一小部分（0.016%）氢原子的质量大约是多数氢的两倍。原子有相同化学性质而有不同的质量者被互称为*同位素*。

直到1932年詹姆士·查德威克（James Chadwick）发现中子，人们这才理解同位素的质量为什么会不同。原子核包含两类粒子：带1个单位正电荷的*质子*和不带电的*中子*。质子数等于电子数，所以原子总体上是电中性的。同一种元素的所有同位素有同样数目的质子和同样数目的电子，所以它们的化学性质是相同的。中子的数目可以变化。例如氯有17个质子，它的一种同位素有18个中子而另一种同位素有20个中子。同样，普通氢有1个质子，而重氢——氘和氚，如图2.2所示，有1个质子分别带1个中子和2个中子。质子和中子的质量接近（中子的质量是质子的1.001 38倍），但是电子要轻得多（质子的质量是电子的2 000倍）。这样质子和中子的总数决定了原子总的质量。

2.3 质量亏损现象

阿斯顿的工作中最令人吃惊的结果是，一种同位素的质量并非恰好为通常氢同位素质量的整数倍。它们都比所希望的质量轻一点，他将氦的精确质量作为4来定义自己的原子质量的尺度。根据这个尺度，氢的轻同位素的质量是1.001 38，这样氦的质量仅是氢原子质量的3.97倍而不是准确的4倍。差别虽小，但是阿斯顿追求准确性的美誉使他的结果很快被科学界所公认。一些人很快意识到他的结果的重要性。其中一个是亚瑟·埃丁顿（Arthur Eddington）（见图2.4）。他可以说是那个时代最杰出的天体物理学家。仅在阿斯顿公布他的结果几个月之后，1920年，他在加的夫（Cardiff）召开的英国科学促进协会会议上做了以下令人关注的有前瞻性的陈述。

“阿斯顿已经进一步断言氦原子的质量小于构成它的4个氢原子的质量之和。至少化学家们支持这一观点。在合成过程中质量失去了1/120，氢的重量是1.008而氦的仅是4.00。质量不可能湮灭，质量的减少只能表明氢构成氦时释放的电能的质量。如果一个恒星的初始质量的5%是由氢组成，而这些氢逐渐结合形成更复杂的元素，释放出的总热量远超过我们的期望。那么我们就不需要进一步寻求这个星球能量的来源。

如果恒星的亚原子能量的确能够自由地用来维持燃烧，似乎对实现控制有潜力的能源的梦想更靠近一些，这种能源使人类能够继续生存——否则就会灭亡。”

埃丁顿已经意识到，假如4个氢原子相结合形成1个单一的氦原子，会有质量亏损现象发生。爱因斯坦的质能方程直接指出在恒星中由于质量亏损而产生能量是一个长期发生的过程！这是一个令人鼓舞的猜想，因为当时还不了解原子核的结构和这些反应的机制，所以这个猜想显得很不寻常。而且，当时认为太阳中

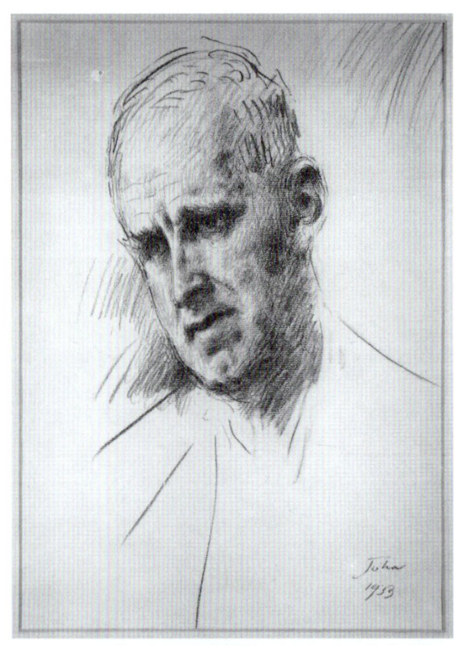

图 2.4 亚瑟·埃丁顿（Arthur Eddington）（1882—1944 年）

这是奥古斯塔斯·约翰(Augustus John) 给他画的画像

只有很少的氢，埃丁顿的假定表明1个恒星中氢可能只占5%。然而后来表明，恒星事实上几乎完全由氢元素组成。

事实上，依照古典的物理规律，如埃丁顿假设的以上反应过程的发生需要比太阳更高的温度。很幸运，物理学中一个新的发现即*量子力学*很快提供了答案，而且估计聚变能可以在太阳表面的温度下发生。乔治·伽莫夫（George Gamow），罗伯特·阿特金森（Robert Atkinson）、弗里茨·霍特曼斯（Fritz Houtermans）在1928年以及汉斯·贝蒂（Hans Bethe）在1938 年都对恒星超过数十亿年释放能量的整个过程都分别进行过详细说明。

究竟是谁先提出太阳的能源是由氢和氦聚变反应所产生的，对此导致了一些激烈的争论，特别是在埃丁顿和詹姆士·琼斯（James Jeans）之间。他们各自都认为自己有优先权，而且对这个问题的争执使两人产生了多年的隔阂。

质谱学技术改进后，逐渐用来更准确更详细地测量每种元素的同位素。人们已经意识到许多同位素比构成核的质子和中子的质量简单相加更轻。我们稍微换个角度考虑一下，当 1 个质子或者中子相结合形成原子核时比它作为自由粒子存在时的质量要稍微小一些。每个原子核与结合成他们的核子之间的质量差异称为*质量亏损*，当和光的速度的平方相乘时，相乘的结果是原子核的结合能，代表把各原子核结合在一起所需要的能量。

这些数据通常用原子核（原子质量）的质子和中子的数量总和与质量亏损的等值能量之间的关系曲线图方式描绘。图 2.5 给出了这种图表的一个现代图示。虽然在曲线左侧对于最轻的同位素有些不规则，但曲线的大部分是相当平滑的。最重要的特征是质量数 56 的周围是最小量。在这个范围的原子是最稳定的。这两边的原子有多余质量，这些质量通过向曲线的中心移动可以能量的形式被释放，也就是说，如果 2 个较轻的原子结合形成一个较重的原子（那就是*核聚变*）；或者 1 个很重的原子裂变形成较轻的原子(那就是*核裂变*)。

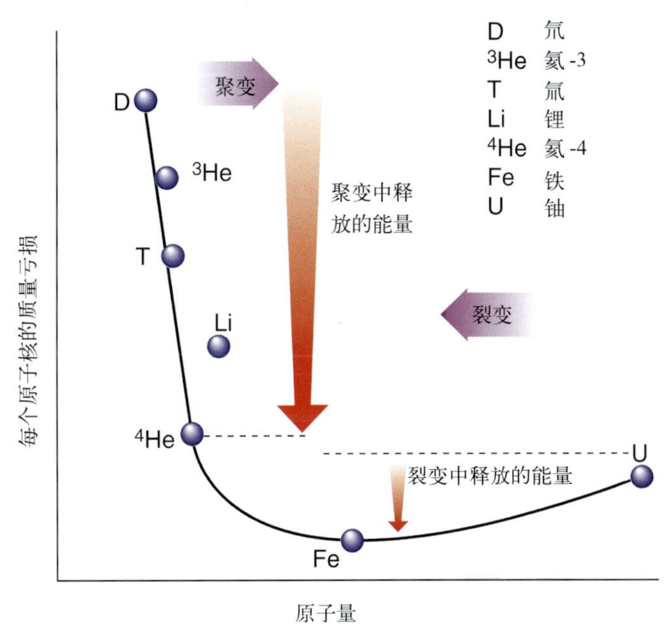

图 2.5　每个原子核的质量亏损（能量当量）与原子量的函数关系

在铁和镍周围的最稳定的元素有最低的能量。当一个原子嬗变成另外一个原子的时候，释放一定数量的聚变能或裂变能，能量的大小等于反应前后质量的差值

已经证明分离重原子是非常容易的事，但是发现它具体是怎样分裂的却是偶然的。当中子被发现后，为了获得更重的*超铀元素*，进行了用中子束轰击原子量为 238 的自然界最重的铀元素的实验。估计任何新元素的含量都极低，所以需要相当灵敏的探测仪才能探测到。实验发现了一些真正的超铀元素，但它并不是我们预想的某些反应产物。1939年，奥托·哈恩和斯特拉斯曼（Strassman）进行了一系列的实验，实验结果表明这些从未见过的副产品实际上是钡和镧的同位素，它们的质量数是 139 和 140，分别大概是铀核子质量的一半。唯一可能

的解释是中子轰击铀导致了铀核的裂变，促使它分裂成大约相等的两部分并且释放出更多的中子。进一步研究很快发现这些中子在理论上能够诱发裂变反应继续下去，引起所谓的链式反应。这导致了恩里科·费米（Enrico Fermi）于1943年在芝加哥建立了第一个原子反应堆并在洛斯阿拉莫斯（Los Alamos）实验室发明了原子弹。

第 3 章

太阳和恒星中的聚变

3.1 太阳能的来源

20世纪初，人们还没有关于太阳辐射出巨大能量的令人信服的解释。尽管在19世纪物理学已经取得了巨大进步，甚至许多人认为几乎已经没有尚未被发现的物理科学问题等待人们去解释，但是人们还是不能解释太阳不停地、而且显然是永久地释放能量这一现象。根据能量守恒定律要求，在太阳内部，一定存在一个其能量等于从其表面辐射的能量总量的能源。那时人们所知道的基本能源仅仅是树木和煤。知道了太阳的质量和它辐射能量的速率，我们很容易算出，如果太阳起始于一个巨大的固体煤块，那么它会在不到2000年的时间内全部燃烧掉。显然这个时间太短了——因为太阳一定比地球的年龄大，而已知地球的年龄要大于2000年——那么地球的年龄有多大呢?

早在19世纪，绝大多数地理学家相信地球可能已经存在了无限长的时间。这一想法受到了杰出的物理学家威廉·汤姆逊（William Thomson）——后来被晋封为凯尔文（Kelvin）勋爵（见图3.1）的质疑。1844年当他还是剑桥大学的一名学生时，他就对这一课题产生了兴趣，正是对这一课题的反复研讨使他与其他科学家（如约翰·廷德尔（John Tyndall）、托马斯·赫胥黎（Thomos Huxley）和查尔斯·达尔文（Charles Darwin））产生了冲突。为了确定地球的年龄，凯尔文尝试计算了这一星球从其起始的融化状态冷却到目前的温度所需要的时间。1862年，他估计地球年龄已有1亿年。使生物学家懊恼的是凯尔文关于地球年龄的计算并未允许足够长的时间供生物演化。在以后的40年里，地理学家、古生物学家、演化生物学家和物理学家一起就地球的年龄问题展开了长期的辩论。在这一时期凯尔文修正了自己的数据，将地球的年龄降低到2 000万年到4 000万年之间。根据岩石沉积形成所需的时间或者它们腐蚀所需的时间，地理学家们尝试着对地球的年龄进行了定量的估算，结论是地球的年龄比凯尔文的估值长得多。然而，在这样的计算中还有许多未知因素需要考虑，因而一般认为这种估算是不可靠的。基于对南英格兰的南北高地之间的峡谷——Weald的风蚀所需时间的估算，查尔斯·达尔文在他的著作《物种起源》第一版中计算出地球的年龄是3亿年。然而，达尔文的结论受到很多批评，以至于他在该书的再版中删除了这一论点。

图3.1 威廉·汤姆逊（William Thomson）（1824—1907年）

后来他被晋封为“凯尔文勋爵”。凯尔文发展了热力学，是现代物理的先驱之一。他对实际应用问题有着巨大的兴趣，曾帮助铺设了第一条横跨大西洋的电话电缆

直到20世纪初，欧内斯特·卢瑟福认识到放射性为地球提供了一个可以减缓其冷却的内部热源后，关于地球年龄不同估值之间的矛盾才得以解决（放射性是在1896年由亨利·贝克勒尔发现的，这一时间大大晚于凯尔文计算地球年龄的时间）。这一进展使得地球比原来设想的要老得多；时下的估计认为我们的星球至少已存在46亿年。放射性既提供了另外的热源，又给出了一个通

过比较岩石中辐射材料数量来测量地球年龄的准确方法。地球的年龄设定了太阳年龄的下限，并且重新激发了人们关于太阳能的来源的争论——即什么机制能够维持太阳输出能量如此长时间。到20世纪20年代，当埃丁顿推论得出氢的聚变最可能是太阳能的来源，而且稍后发展了量子理论时，一个自洽一致的解释才成为可能。

3.2 太阳炉

到目前为止，氢和氦是宇宙中最常见的元素，它们一起占所有已知物质总量的大约98%。在地球上（或火星、水星上）并不存在大量气态的氢和氦，这是因为这些星球的引力太弱以至于不能保持这类轻的原子附着其上，因此它们都逃逸到外空。所有地球上的氢或者与氧一起结合成水，或者与碳一起结合成碳氢化合物，或者与其他元素结合在岩石里。但是，太阳的引力要大得多，因此它几乎是全由氢构成。因为每个原子都发射特定*波长*（颜色）的光，并且通过它可以唯一地鉴别该原子的身份，所以存在于太阳和其他恒星上的氢可直接通过光谱观测测量。

虽然在太阳中有大量的氢用于核聚变，但是我们如何知道能满足产生聚变的条件？太阳的温度和密度可通过光谱仪的实验观测并结合理论计算来确定。最容易的聚变反应可以通过实验室中应用粒子加速器进行的核反应研究推论得出。太阳中的能量释放涉及4个质子转化成1个氦核，然而这是一个多步的过程。首先2个质子结合形成1个重氢同位素的核，即所谓*氘*，然后氘核与另1个质子结合形成轻氦同位素，即*氦-3*，最后2个氦-3的核结合形成*氦-4*，并在这一过程中释放出2个质子。总起来说是4个质子转化成1个氦核。之所以释放能量是因为正如第2章中讨论的，与原来的4个质子相比氦核具有略微轻的质量。不同核的结构图解说明见图2.2。图3.2给出了上述所说核反应的示意图。图中原始核在左侧，反应后产物在右侧。每一个反应阶段都释放能量。与氢氧结合燃烧成水的化学反应所产生的能量相比，每一次4个质子转化成1个氦核的过程所释放的总能量要大1 000万倍。核反应与化学反应所释放能量之间的巨大差别揭示了核反应可维持太阳存在达数十亿年之久的秘密。当太阳被认为是一块巨大的煤块的时候，估计只有几千年的年龄，而事实上它的年龄比原先估计的1 000万倍还长。

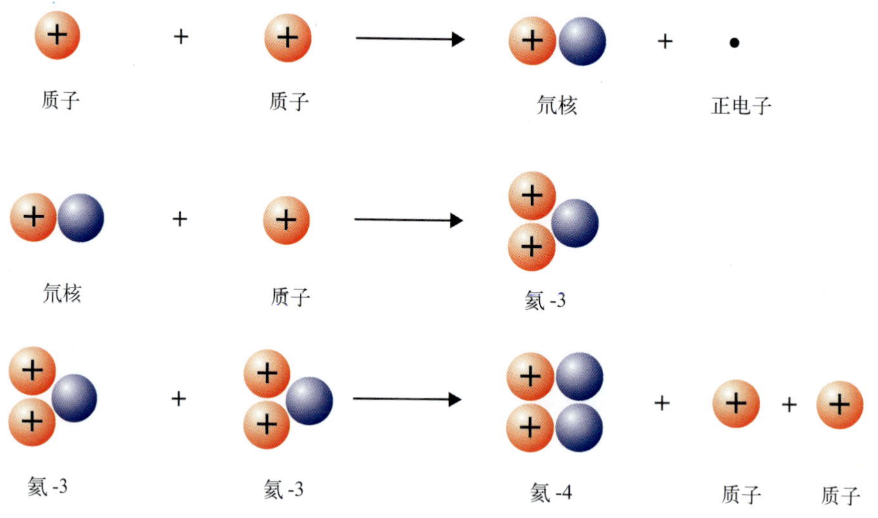

图 3.2　太阳中氢转换成氦的三个反应

在这些反应中，通过发射一个正电子保持了总的电荷守恒，正电子是一个具有与电子相同的电荷和性质，但却携带正电荷的粒子

能量必须从太阳的内核传输到表面，这是一个相当缓慢的过程，传输出来大约要花100万年的时间。太阳的表面比起芯部来要冷得多，而且其能量以我们直接观察到的光和热的形式辐射到空间。在标准条件下，降临在地球上的太阳功率大约是每平方米1.4千瓦（$kW\ m^{-2}$）。

图3.2（也见附注3.1）描述的核反应的第一步被核物理学家定义为*弱相互作用*，这一过程非常缓慢，它确定了向氦核转化的速度，两个质子聚合在一起要花上数亿年的时间。现在看来这一点是相当幸运的，如果聚变发生得太快，那么太阳早在地球上的生命有机会进化之前就已经燃烧完了。根据我们现有的关于核反应速率和原始氢总量的知识，估计用完所有氢的时间大概是100亿年。由放射性测定的陨星的年龄推算，太阳系的年龄估计是46亿年。假定太阳的年龄与陨星相同，那么太阳大约已经走了其生命周期的一半。相对而言，宇宙年龄

的最新估值是137亿年。

在具有与我们太阳相当或略小的体积的恒星中，质子-质子反应有起主导作用的趋势，但在体积更大的恒星中存在着其他的反应循环，它们涉及与碳核的反应，通过这种反应质子可以转化为氦核。

3.3 引力约束

太阳芯部的氢被压缩至非常高的密度，差不多高出铅密度的10倍。但是太阳的芯部并不是固体——由于高温，它维持在电离状态，或者说是*等离子体*状态。非常高的密度和温度结合在一起产生了一个巨大的向外的压力，它比地球表面大气压高4 000亿倍（4×10^{11}）。

为了避免太阳向外膨胀，必然存在一个巨大的向内的力，以平衡其向外的巨大压强。太阳和恒星中的引力就是这样一个向内的力，它把太阳压缩成尽可能紧凑的形状——球形。在这个球的内部的每一层上都存在着向外的压力和这一层上面（外面）的物质产生的向下（向内）引力之间的平衡。由引力产生的压缩和向外的压力之间的平衡被称为*静流体力学平衡*。同样的效应也发生在地球的大气层中：海平面上的气压由其上面的空气的重量产生——这就是作用在空气分子上的组合引力。之所以在地球引力的拖曳下大气层并未塌陷为地表上薄薄的一层，就是因为较低层压缩空气向上的压强平衡了上一层的向下压力。

附注3.1 中微子问题

太阳中反应链的第一步——即两个质子之间的反应——释放出一个叫中微子（υ）的粒子：

$$p + p \rightarrow D + {}^{+}e + \upsilon$$

为了解释在所谓的β衰变过程中能量测量产生的矛盾，恩里科·费米（Enrico Fermi）第一个预言了中微子的存在。中微子与其他物质发生核反应的概率非常低，因此它从太阳中逃逸的概率是很高的。

人们认识到如果能在地球上探测到这些中微子，它们在确定太阳中的聚变反应率方面是有用的，而且也将帮助回答其他一些基本物理问题。通过设计精巧的探测器并将其置于地下深处以屏蔽掉其他形式的辐射，就有可能探测到太阳的中微子。令人惊奇的是探测到的通量仅仅是根据其他太阳聚变反应率的估计而预期的中微子通量的三分之一。通常预期有三类中微子：即电子中微子、介子中微子和τ中微子。太阳中质子-质子反应产生的是电子中微子，但是人们越来越怀疑电子中微子在其从太阳到地球的路途中变成了其他类型。最近，这一困惑在一个加拿大镍矿的地下2 000米处新建的实验室里得到了解决。1999年，萨德伯里中微子观察台（SNO）开始运行，它有一个探测器用了1 000吨重水。这些探测器能够测量总的中微子通量以及电子中微子通量。测量表明某些电子中微子确实在从太阳到地球的行程中变成了其他类型。测量了总的中微子通量后，发现它与利用标准太阳模型计算出来的通量非常吻合。

在一定意义上说，太阳结构的某些方面类似于地球，太阳有一个包含其绝大部分质量的密度很高的芯，芯的外面包着密度较低的*太阳幔*（见图3.3）。芯部的温度大约是1 400万摄氏度，但随着半径增加而迅速降低——在1/4半径处下降到约800万摄氏度，1/2半径处降到低于400万摄氏度。聚变反应非常敏感地依赖于温度和密度，因此它仅仅发生在太阳的芯部，在10%的半径处，聚变功率密度降低到其中心值的20%，而在20%半径的外面就没有聚变反应了。

附注3.2 碳循环

核反应的第二条链可以把氢转化成氦。这一理论首先在1938年分别由卡尔·冯·魏茨泽克（Carl von Weizacker）和汉斯·贝蒂独立提出，现在认为在比太阳更热且更重的恒星中这一过程起主导作用。这一反应的顺序如下：

$$p+{}^{12}C\rightarrow{}^{13}N\rightarrow{}^{13}C+e^{+}+\upsilon$$

$$p+{}^{13}C\rightarrow{}^{14}N$$

$$p+{}^{14}N\rightarrow{}^{15}O\rightarrow{}^{15}N+e^{+}+\upsilon$$

$$p+{}^{15}N\rightarrow{}^{12}C+{}^{4}He$$

第一步，一个质子与一个碳核反应生成氮 ^{13}N，它是不稳定的，蜕变为 ^{13}C。后面的步骤是通过 ^{14}N 和 ^{15}O 到 ^{15}N。在反应链的末端，^{12}C 又循环回来开始另一个循环链，所以它像一种催化剂。总而言之，4 个质子被 1 个单一的氦核替代，因此能量释放与 pp 反应循环是同样的。

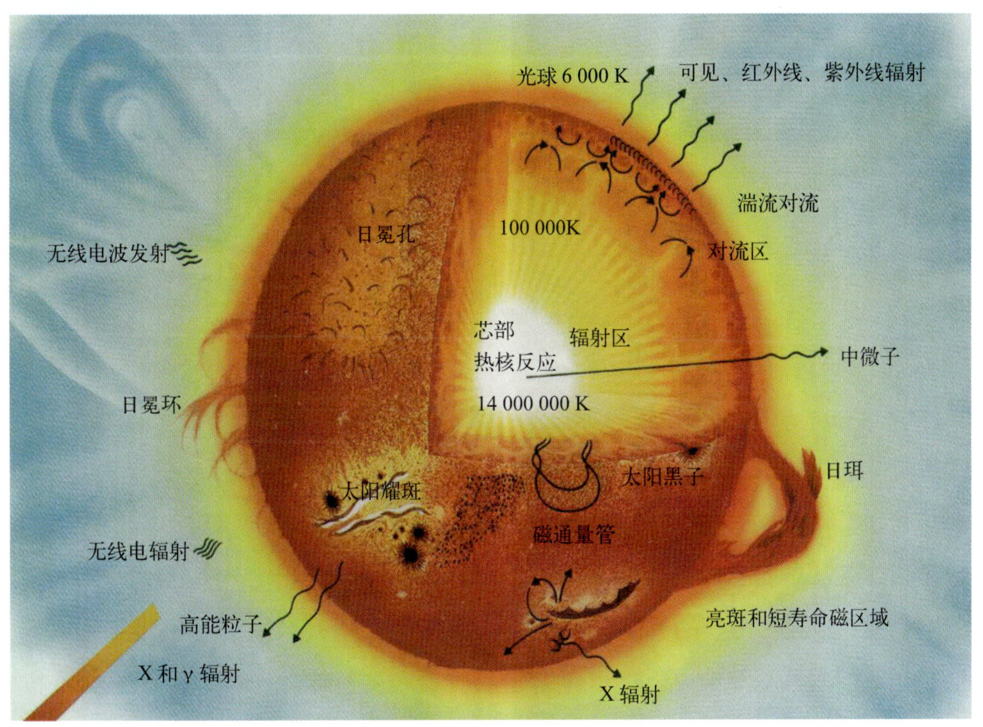

图 3.3 太阳的主要特征

能量通过芯部的热核反应释放出来，并向外传输，首先是通过辐射，然后是对流传输到太阳的表面后，再从那里发射出去

聚变能以热的形式从太阳的芯部传输出来，它首先通过辐射穿过所谓的*辐射区*，但随着辐射区距芯部半径的增加变冷，它会变得越来越不透明，因而辐射越来越无效。随后，在*对流区*能量开始通过由流通气体形成的直径为几百千米的巨大气泡以对流的形式传输。最后能量到达发射我们看得见的太阳光的所谓*光球区域*，这是一个由温度为6 000 摄氏度的低气压气体构成的相对比较薄的

层，仅仅几百千米的厚度。光球的温度和压强由太阳光的光谱确定。事实上，正是威廉·拉姆齐（William Ramsey）发现太阳光谱的一些特征与当时地球上的任何气体都无关。1896年发现了氦，为了纪念神话中虚构的希腊太阳神赫利俄斯（Helios），将这一新发现的元素命名为氦（helium）。

相对于核物理中的力来说，引力是一种很弱的力，只有在非常巨大的质量的情况下它才能约束热等离子体。这就是为什么在太阳和恒星中这种约束是可能的，而对于地球上我们想要约束质量小得多的等离子体来说这是不可能的。而且与每立方米数兆瓦的商用电站相比，太阳芯部聚变功率的密度也非常低，只有区区每立方米270瓦。我们不得不寻找其他的约束的方法，这就是我们在后面章节中要讨论的问题。

3.4 较重原子的形成

1929年，美国天文学家埃德温·哈勃（Edwin Hubble）通过测量来自多个恒星及银河系的光谱线的多普勒位移发现宇宙在膨胀中。他指出，由于谱线移动到了光谱的红光端，因此这些星体正在离地球而去，这种效应被称为*红移*。哈勃还指出这些星体离我们越远，移动速度越快。关于这一效应的一种解释是宇宙的*稳态理论*，即存在持续的物质创生以平衡宇宙的膨胀。然而，现在人们接受的理论是所有的东西都是大约137亿年前随着一次剧烈的爆炸（即所谓*宇宙大爆炸*）而产生的。宇宙正在膨胀的想法是比利时宇宙学家乔治·勒麦特尔（Georges Lemaître）1927年提出的，而1948年乔治·伽莫夫（见图3.4）、拉尔夫·阿尔芬（Ralph Alpher）和汉斯·贝蒂在他们著名的所谓的“阿尔芬、贝蒂、伽莫夫”论文中详细描述了这一理论模型。他们的模型预言应该存在可观测到的由宇宙大爆炸遗留下来的辐射。这一辐射被称之为*宇宙微波背景辐射*，它首先被阿尔诺·彭齐亚斯（Arno Penzias）和罗伯特·威尔逊（Robert Wilson）在1964年观测到并发现接近其预期的辐射水平。背景辐射和关于宇宙中存在充裕的氢、氦和锂（现在可以通过气云和年长恒星的光谱观测它们）的预测是宇宙大爆炸理论的主要成功之处，而且也由此证明可以将这一理论作为宇宙起源的最合适解释。

附注 3.3

宇宙微波背景辐射

初始的微波辐射观察纯系偶然，它是由彭齐亚斯（Penzias）和威尔逊（Wilson）在贝尔电话实验室进行的，当时他们正在试验为通讯卫星设计的天线，为检查设备的零辐射时的噪声水平，将天线指向天空中预期无辐射源的地方，令他们惊奇的是他们得到了一个无法解释的辐射信号。几个月之后，普林斯顿大学的吉姆·皮布尔斯（Jim Peebles）听说了他们的结果，他一直在以宇宙大爆炸的理论为基础开展计算，预言宇宙是一个充满温度低于10 K的辐射波的辐射海洋。当双方比较他们的结果时，发现观测到的辐射与预期值吻合很好。随着测量改进，包括卫星上的更为复杂精密的测量仪器，实验发现不仅宇宙微波背景辐射的强度是可以预测的，而且它的强度相对于频率的分布也与宇宙大爆炸的模型相一致。

1992年，COBE卫星第一次揭示了微波背景辐射的强度随着在天空中方向的变化而略微不同。通过使用威尔金森微波各向异性探针，这些观测在2002年得到了进一步的改进。计算得出辐射产生于宇宙大爆炸380 000年之后——即早于130亿年，它指出了微波背景辐射的温度的细微变化，这些细小的不规则性是宇宙结构的芽孢，引力将其放大而变成我们今天看到的恒星和星系。

图 3.4 乔治·伽莫夫（George Gamow）（1904—1968年）

伽莫夫是乌克兰人，出生于敖德萨(Odessa)，在圣彼德堡(Leningrad)受教育。不过，他在1934年移民到美国，在那里他先后担任乔治·华盛顿大学、卡罗拉多大学物理学教授。他是一个多产的科普书籍的作家，尤其是写了大量关于宇宙天体论的书。目前，他的许多著作仍在出版

在原始火球中的不可思议的高温下，质量和能量是连续不断互相交换的。但当火球膨胀时它迅速冷却，在这

个阶段能量永久地转换成质量——首先形成基本的次核结构单元，然后由这些结构单元本身组合成质子和中子。当条件适合时，通过上面讨论过的聚变反应形成氘核和氦核。

随着自身的膨胀，宇宙会变得越来越冷以至于不能维持初始的聚变反应，由此使得那些已经产生的不同核的混合物被冻结。计算表明这个阶段仅仅在宇宙大爆炸后4分钟就达到了，在这一时刻宇宙是一团膨胀的云，它主要由氢（75%）和氦（25%）以及少量的氘和锂组成。

今天，我们知道宇宙中包含了92种元素，它们的质量范围从氢到铀。很显然，按照宇宙大爆炸理论，比氢和氦重的核在早期是不可能形成的，那么一个明显的问题就是什么是其他元素如碳、氧、硅和铁等的起源呢？

3.5 恒星和超新星

在宇宙大爆炸喷射出的物质中，局域密度变化的地方存在引力的吸引，恒星开始逐渐生长形成。恒星形成之初便受到引力的压缩，并开始内部加热直到它变得足够热形成聚变反应而开始对恒星进一步加热。在内部压强抵消了由引力产生的压力的地方存在一个平衡态，而且当所有的燃料烧尽且聚变反应率降低时，引力造成恒星的进一步收缩。恒星形成大小不同的体积，这就导致了各种各样的恒星生命周期。对于像太阳这样一个中等大小的恒星来说，预期其生命周期约为100亿年。当所有的氢被耗尽并转换成氦之后，太阳将会冷却下来并且缩小，一旦冷到聚变反应不能继续进行的时候，它的生命周期就结束了。

比较大的恒星可以加热到更高的温度，因此它会燃烧得更快。在这些恒星中聚变过程呈现多个阶段，从而形成更多更重的核。第一个阶段完成之后，氢转换成氦。较大恒星的引力非常之大，以至于它们可以进一步压缩星体使其温度升高到在芯部发生氦核的聚变，生成碳。这一过程再次释放能量，使星球变得更热。多年以来，碳核燃烧的机制一直困扰着人们，因为两个碳核聚合将生成不稳定的铍核（^{8}Be）。正如像附注3.4中解释的那样，人们证实一定是3个氦核聚合在一起形成碳核（^{12}C）。如果恒星足够大，当绝大部分氦消耗掉之后，进一步的压缩使得温度再上升从而产生碳的燃烧，形成重得多的核，如氖（^{20}Ne）和镁（^{24}Mg）。氖是由两个碳核组合并同时释放一个氦核而产生的。在这样一个承接顺序中还存在氖燃烧和硅燃烧（见附注 3.5），所有这些反应显示在图 3.5 的示意图中。

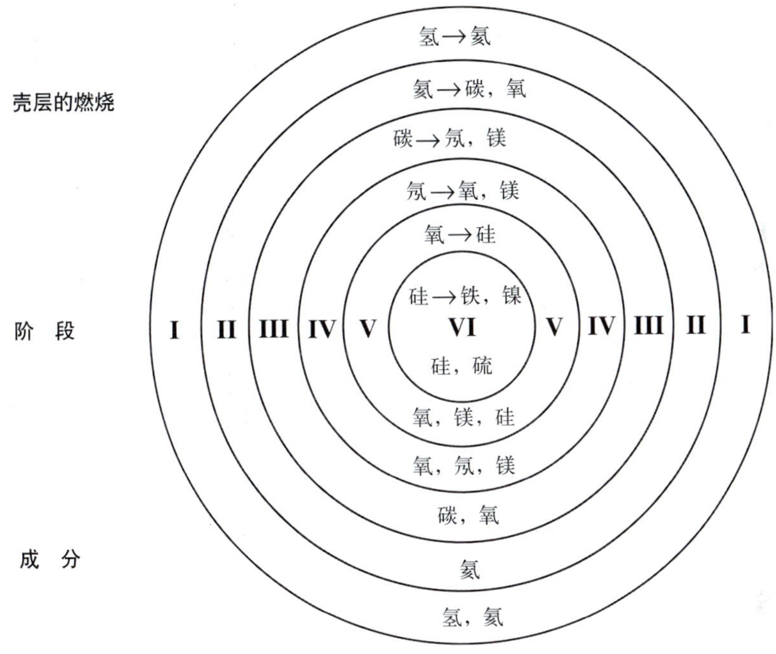

图 3.5 大恒星演化过程中发生的各种聚变反应示意图

这些反应导致了越来越重的核的形成。这些反应的最后阶段形成了那些与铁的质量相近的最稳定的元素。这里使用了通常的化学元素符号。正如图中所示，恰恰在爆炸阶段之前，各种不同的反应发生在恒星的各层中

很久以来，对所有各个不同元素模型的详细确认在很大程度上依赖于物理实验室中对各个核过程的多年研究。正是阿斯顿的关于元素精确质量的潜心研究引导了人们最终对核能的认识，因而，在一个不同条件的范围中精确的核反应类型和反应率的测量使得人们认识宇宙的详细演化过程成为可能。在认识宇宙的过程中，人们在从事基础学术研究中所作的初始测量被证明是极为重要的。虽然，我们能用望远镜远距离测量和用光谱仪分析的光是从恒星表面发出的，但至今没有人对恒星的中心部分做过直接测量。

附注 3.4 **3α粒子过程**

当一个恒星将绝大部分氢转化成氦之后，下一步似乎应该是 2 个氦核的组合，但是这一组合将产生 ^{8}Be——这是一个由4个中子和4个质子组成的铍核，其寿命短于 10^{-17} 秒，很快重新转化成为 2 个氦核。此外，还存在另外的问题——即使形成了 ^{8}Be 核，那么这一反应链的下一步

$$^{8}\mathrm{Be}+^{4}\mathrm{He}\rightarrow^{12}\mathrm{C}$$

也是不允许的，这是因为在不违背动量守恒定律的前提下不可能在只有一个反应产物的反应中搬迁能量。因此，将会出现一个瓶颈，它会阻止形成比氦更重的元素。

据英格兰天文学家弗瑞德·霍伊尔（Fred Hoyle）推断，在自然界中事实上存在比氦更重的核，因此必然有一条途径可以绕过所谓的瓶颈。他提出如果碳核存在一个激发态，它具有高于碳核基态7.65 MeV 的能量——与核聚变释放的能量完全相当——那么，反应能可以首先被激发态吸收，然后通过发射γ射线衰变为基态，这样将完全不会产生与动量守恒相抵触的问题。然而当时人们并不知道有这样的激发态存在，所以霍伊尔找到加州大学伯克利分校的威廉·福勒（William Fowler），建议他通过实验寻找这一激发态。福勒答应寻找，并且发现了碳的这一激发态，由此证明了具有较高质量的核的生成机制。

总之，3α 过程可被看作是 3 个 ^{4}He 核和激发态的 ^{12}C（不时地衰变为 ^{12}C 的基态）之间的平衡，这是一个非常缓慢的过程，仅在有着巨量氦的恒星当中，并且以天文时标来衡量时，这一过程才是可行的。

在恒星生命的终点，当核燃料被耗尽的时候，将不再释放聚变能以抵消引力向内的拉拽。一个恒星最终的结局取决于它的体积的大小，我们的太阳是一颗相当小的恒星，它将作为一颗*白矮星*温和地结束其生命，其他的以大约太阳质量的2~3倍开始的恒星也是如此。如果是更大的恒星，它的芯部首先崩塌，然后经历极其剧烈的爆炸，即所谓的*超新星*，在这一过程当中释放出巨大的能量，同时将激发冲击波，喷射大量恒星物质到星际空间中。超新星过程是相当稀有

的，在我们自己的星系中典型的是每400年1次，但是在其他星系中不能观察到它们。或许，中国天文学家在公元前1054年所记录的超新星现象是历史上最著名的，这次爆炸的遗迹到现在还能观察到，这就是所谓的蟹状星云。自从中国人观测到以来，还有两次类似的爆炸发生在我们星系——一次是由著名的丹麦天文学家第谷·布拉赫（Tycho Brahe）在1572年观察到的，另一次是由约翰尼斯·凯普勒（Johannes Kepler）于1604年观察到的。凯普勒是布拉赫的学生，他发现了行星运动的定律。1987年人们在大麦哲伦云这一第二靠近银河系的星系中看到了超新星爆发，这是自从望远镜发明以来所观察到的最大的超新星爆发。以天文学的术语来衡量，爆炸的最后阶段发生在一个非常短的时间内，初始爆发之后大约100天，它就达到了其最明亮的状态，然后便开始衰退，在它爆发以前和后来达到超新星峰值强度时所拍摄的照片见图3.6所示。

附注3.5

重原子核

碳生成之后，可以通过与另外的α粒子反应形成更高质量的核。以反应产生的能量来衡量，每一步这样的反应比起前一步来效率更低，因为形成的核越来越稳定（见图2.5）。温度增加，反应进行得越来越快，因此燃烧掉剩余物质所花的时间越来越短。在一个大的恒星里，燃烧掉氢要花或许1 000万年，而燃烧掉氦需要花100万年，燃烧掉碳仅花600年，燃烧掉硅只要不到一天的时间！当每次反应由于燃料耗尽而停止时，引力就会再度占主导地位而持续地压缩恒星，直到恒星达到足够热而开始下一步的反应，必然的结果是依次达到更高温度从而使更重的元素发生聚变。最后的聚变反应是那些生成最稳定元素铁（^{56}Fe）、钴和镍的反应。

在具有巨大质量的恒星中，其爆炸之前的各个生命进程中发生的主要反应列于下表（并图示于图3.5中），表中同时显示了计算出的恒星各进程的密度、温度和质量份额及其构成。

进程	质量份额	温度/℃	密度/kg·m^{-3}	主要反应	恒星的构成
I	0.6	1×10^{7}	10	$^{1}H\rightarrow{}^{4}He$	^{1}H, ^{4}He
II	0.1	2×10^{8}	1×10^{6}	$^{4}He\rightarrow{}^{12}C$, ^{16}O	^{4}He
III	0.05	5×10^{8}	6×10^{6}	$^{12}C\rightarrow{}^{20}Ne$, ^{24}Mg	^{12}C, ^{16}O
IV	0.15	8×10^{8}	3×10^{7}	$^{20}Ne\rightarrow{}^{16}O$, ^{24}Mg	^{16}O, ^{20}Ne, ^{24}Mg
V	0.02	3×10^{9}	2×10^{9}	$^{16}O\rightarrow{}^{28}Si$	^{16}O, ^{24}Mg, ^{28}Si
VI	0.08	8×10^{9}	4×10^{12}	$^{28}Si\rightarrow{}^{56}Fe$, ^{56}Ni	^{28}Si, ^{32}S

图 3.6　1987 年 2 月在大麦哲伦云（Large Magellenic Cloud）中爆炸的超新星照片

这是自发明望远镜以来第一个足够亮的，可以用肉眼看得到的超新星。左侧显示的是峰值强度的超新星景象，右侧显示的是恒星爆炸之前同一区域的景象

在形成元素时超新星的重要性是它们的温度非常高而且产生大量的高能中子，这都是产生从铁到铀这些高质量元素所需要的理想条件。铁和镍吸收高能中子形成较重的原子。所有这些在恒星中生成的元素，不论是在早期的燃烧阶段生成的，还是在超新星毁灭阶段生成的，都会由于爆炸而重新分布在整个星系中。

帷幔星云是一颗30 000多年以前爆炸的超新星遗迹，一种关于爆炸的超新星是如何从宇宙中消失的理论可以从它的照片中看出（见图3.7）。爆炸中物质以细丝的形状扩展到一个巨大的空间，之后生成的灰尘可聚集在一起形成新的恒星、行星，甚至我们人类。恒星系的第二代和再下一代是由超新星碎片形成的，因此它包含着所有稳定的元素。第一代和第二代恒星形成的两条途径由图3.8给出，太阳系就是一个第二代恒星系的例子。

图3.7 帷幔星云照片

显示了30 000多年以前的超新星爆炸之后留下的丝状物质。这一星云距我们有15 000光年之遥，而且其巨大的体积一直增长着，然而它仍然保留着丝状的结构

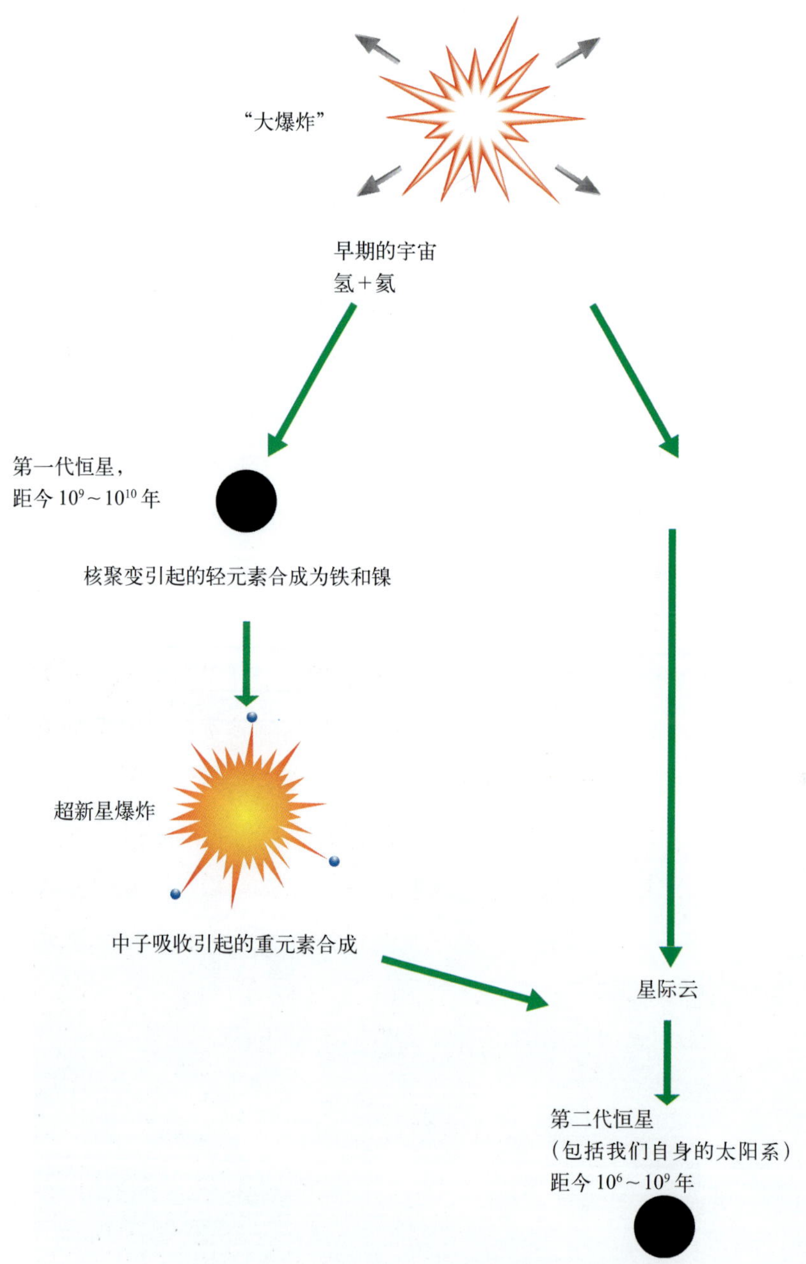

图 3.8 元素形成的两个主要发展进程图示

显示了为何第一代恒星只包含由宇宙大爆炸生成的轻元素，而第二代恒星包含由超新星爆炸产生的较重元素

通常认为超新星芯部的遗留物形成了一些奇怪的物体，即所谓的*中子星*和*黑洞*，在这些物体中引力的拉拽非常之大，以至于所有的物质非常紧密地挤压在一起，从而使核子、质子和电子都转化成了中子。一个中子星将具有约一倍半太阳的质量塞在一个大约半径仅为10千米的球体内，因此它的密度是水的100万亿倍，在这样一个密度下，地球上所有的人都可被装在一个小小的茶匙内！随着超新星的芯部变得越来越小，它的旋转越来越快，正像一个滑冰者将他（她）的手臂收紧那样。这时，很强的无线电辐射会以地球上可以探测到的脉冲形式发射出来，所以又被称之为*脉冲星*。中子星是相当稀少的，1 000颗恒星中大约有1颗中子星，距我们最近的一颗至少也有4 000万光年之遥。

一般认为最终成为中子星的恒星起始时质量大约是太阳的15～30倍。具有比这还要高的初始质量的恒星被认为变成了黑洞——即形成了这样一个空间，在这个空间中形成它的物质被碾压得消失了。黑洞的质量非常之大，因此它产生的引力场非常之强，以至于在其表面的任何物质，即使是光，也不能逃逸。

至此，核聚变在宇宙中的作用可总结为两个方面。首先，聚变是恒星中所有能量的来源，所以它为我们在地球上的生存，或许也为其他恒星的行星上的文明的生存提供了能量。其次，原始氢之外的其他元素的形成依赖于聚变，某些轻元素（主要是氢和氦）是宇宙最开始时在宇宙大爆炸中通过聚变形成的，元素周期表中下半部分的元素是在那些最大和最热的恒星中由稳定的聚变燃烧形成的，而那些最重的元素是由爆炸的超新星中短暂的强反应产生的。

第 4 章 人造聚变

4.1 可行性

第3章中讨论了太阳和恒星通过聚变释放能量的过程，无疑聚变是可行的，但是一个显然的问题是聚变能否用于人类。开始，物理学界一直怀疑在地球上应用核能的可能性，卢瑟福（Rutherford）甚至走得更远，认为这简直就是"妄想"。然而，当人们察觉到核反应是恒星上发生的重要过程时，对地球上应用核能的思索开始活跃了。

第二次世界大战即将结束时爆炸的第一颗原子弹有力地证明了核能确实可以释放出来，因而也进一步刺激了关于聚变能应用的研究。既然裂变可以释放能量，为什么聚变就不可以呢？本章讨论了在地球上应用聚变能的基本原理。

太阳中，聚变反应链开始于两个质子——普通形式的氢核的聚合，它形成氘——一种较重的氢。在两个质子聚合时，其中一个必须转换成中子，这在给太阳提供能源的反应链中是最困难的一步，这一过程太慢，它不能成为地球上可行的能源。然而，完成缓慢的第一步之后，后面的聚变反应就仅仅涉及到重新安排原子核中的质子和中子数目，反应要快得多，因此如果核聚变从氘开始，事情看起来很有希望。在太阳中氘被燃烧掉的速率与其产生的速率一样快，因而是很稀少的，但是在地球上存在有大量的从早期宇宙进程中遗留下来的这种形式的氢，大约每7 000个氢原子中就有一个是氘，而且可以相当容易地将这两种同位素分离开。地球上有着大量的氢，它们主要是以水的形式存在在海洋中，因此，虽然氘只有相当小的浓度，但其总量实际上是用不完的（见附注4.1）。

附注4.1

氘的来源

在所有的聚变反应中氘和氚之间的反应具有最快的反应率，并且需要的温度最低，它是用于聚变电站的第一选择。因此，不管是哪一种类型的约束系统，磁约束还是惯性约束，氘和氚的充足来源是十分重要的。

1克的氘将产生3 000亿焦耳的电力，所以要提供当前世界上所有的能量消耗（相当于每年3×10^{12}亿焦耳）将需要每年1 000吨的氘。氘是很容易获得的，因为6 700份水中就有一份是氘，1加仑（1加仑=4.546升）的水用作聚变燃料所产生的能量相当于300加仑汽油。如果考虑到所有的海水，则有总量超过10^{15}吨的氘，足可以无限地提供我们所需要的能量。氘可以采用电解的方法直接从水中提取。因此，与电能生产中的其他费用相比燃料的费用是可以忽略的。

两个氘核之间的聚变反应是将2个质子和2个中子放到一起进行重新排列，这种重新排列有两种不同的方式，一种是生成由两个质子和一个中子组成的原子核，这是一种稀有的氦，称之为*氦-3*（见图2.2），剩余1个中子；另外一种排列则产生1个由1个质子和2个中子组成的原子核，这就是被称之为*氚*的另外一种形式的氢，它具有大概3倍于普通氢的质量，在这种情况下剩余1个质子。图4.1给出了这些反应的示意图。像太阳中的核聚变一样，因为在以上的重新排列中核的总质量略小于2个氘核的质量，所以可以释放能量。

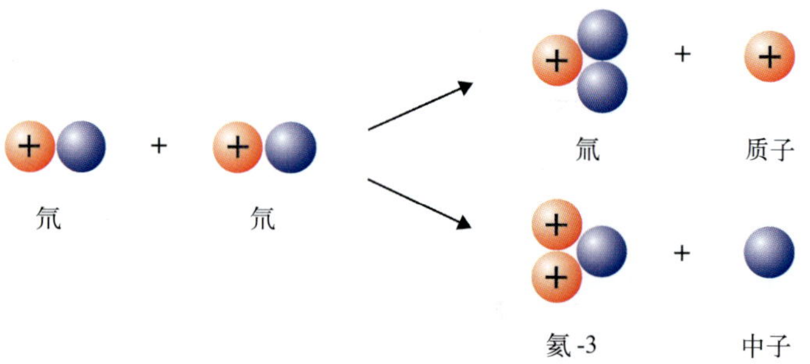

图 4.1 两个氘核聚变时两种可选择的分支

在这些反应中生成的氚和氦-3也可以与氘聚合，这时是5个核粒子重新排列——在氘和氚反应的情况下是2个质子和3个中子，或者在氘加氦-3反应的情况下是3个质子和2个中子。两种情况的结果都是形成具有两个质子和两个中子的核，这就是具有4个质量单位的普通形式的氦——*氦-4*，它是一种惰性气体，可以用作给气球和飞艇充气。在这些反应中有一个自由中子或者一个自由质子剩余下来，它们被示意性地表示在图4.2中。

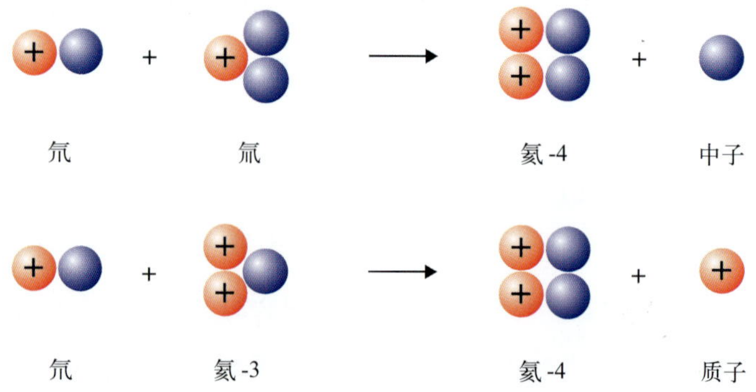

图 4.2 氘和氚之间的反应，或者氘和氦-3聚合形成氦-4的反应

所有以上反应都可以用在实验中研究聚变，但氘和氚之间的反应（通常缩写为DT）需要的温度最低，因此它被认为是聚变电站最好的候选对象。在地球上氚并不天然存在，因为它是半衰期为12.3年的放射物，如果今天我们有一定数量的氚，那么经过12.3年的时间将只有一半剩余下来，24.6年之后就只剩下1/4，

以此类推。作为一种燃料，氚不得不通过人工制造得到，原则上来说，这是可以通过氘氚反应产生的中子与锂元素反应来实现的（见附注 4.2）。锂在其原子核中有 3 个质子并以两种形式存在—— 一种是具有 3 个中子称之为*锂-6*，另一种是具有 4 个中子称之为*锂-7*，两种形式的锂与中子相互作用产生氚和氦。在第一个反应中释放能量，但是在第二个反应中必须输入能量。因此，燃烧氘和氚的聚变电站的基本燃料就是普通的水和锂，相对来说这两种基本燃料都比较便宜、丰富而且容易获取。电站的废料将是惰性气体氦。我们将全部反应图示在图 4.3 中。聚变的经济性将在第 12 章中详细讨论。

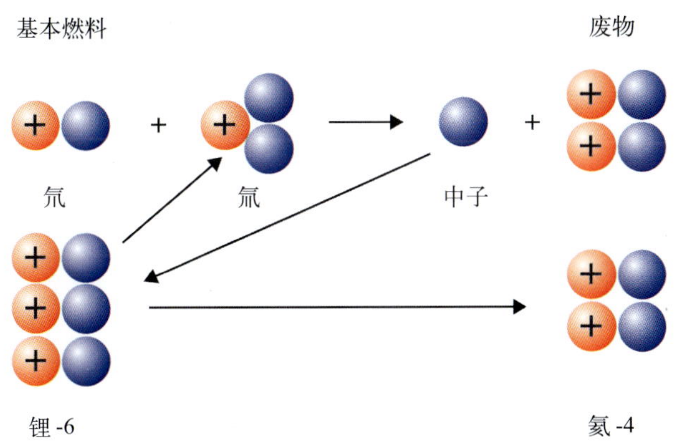

图 4.3 聚变反应图示

基本燃料是氘和锂，废物是氦

附注 4.2 **氚增殖反应**

最方便的产氚方式是中子和锂的反应，存在两个可能的反应，它们分别是与自然界中存在的两个锂的同位素（^{6}Li 和 ^{7}Li）之一的反应：

$$^{6}\mathrm{Li} + \mathrm{n} \rightarrow {}^{4}\mathrm{He} + \mathrm{T} + 4.8\ \mathrm{MeV}$$

$$^{7}\mathrm{Li} + \mathrm{n} \rightarrow {}^{4}\mathrm{He} + \mathrm{T} + \mathrm{n} - 2.5\ \mathrm{MeV}$$

^{6}Li 最可能与慢中子发生反应，这是一个可释放 4.8 MeV 能量的放热反应；而 ^{7}Li 反应是一个吸热反应，仅仅与快中子发生，它吸收 2.5 MeV 能量。天然的锂由 92.6% 的 ^{7}Li 和 6.4% 的 ^{6}Li 构成，每 1 000 克的锂可以产生 1×10^{6} 亿焦耳的电能。

4.2 原子核的聚合

为了开始聚变反应，两个核必须靠得非常近，以至于它们之间的距离与它们的体积差不多。原子核中包含有质子，所以它们是带正电的。同性电荷相斥，现在的情况是两个正电荷，因此它们之间存在一个使它们分离的很强的静电力。只有当两个核靠得足够近时，它们之间的核力才会变得足够强，从而平衡试图将其分开的静电力。这一效应被图示于图4.4中——图中描绘了*势能*与两个核分离的距离之间的关系。势能是把一个高尔夫球放在小山丘顶上时所具有的一种能量形式。将两个核聚拢到一起有点像试图使高尔夫球爬上小山丘并落到山顶上的球洞里，这就要求高尔夫球在入洞之前首先必须具有足够的能量爬上山顶。在核反应情况下，山丘非常的陡，而球洞又非常的深且非常的小，这与人们在高尔夫球场上所见到的任何情况是无法比拟的。幸运的是物理帮了我们的忙，确定相距很近的核的行为的量子力学定律允许“球”在途中打洞，而不必一定要走完所有抵达山顶的路程。这就使得事情变得容易了一点，但即使这样，要使相斥者靠拢得足够近以至于发生聚变也是需要大量能量的。

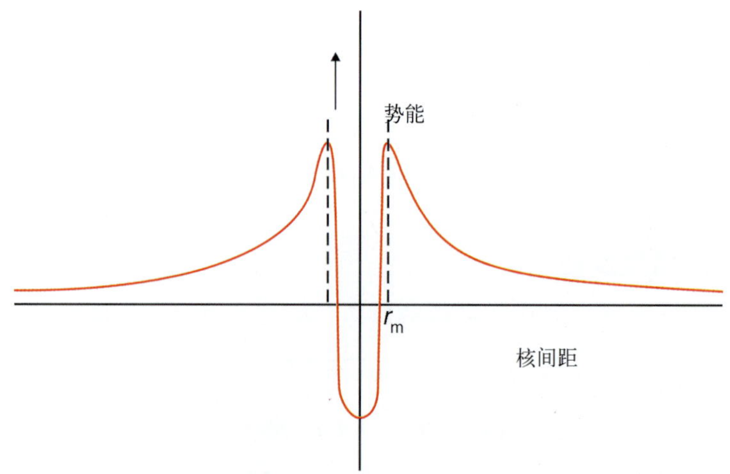

图 4.4　两个原子核之间的势能随它们之间的距离的变化

当它们远远分离时，它们互相排斥——它们之间的静电斥力随着相互靠近而增加。当它们非常接近时，核力变得有效且势能下降

物理学工作者通常以加速到某一能量的电压来衡量原子粒子的能量。为了产生聚变，需要用大约 100 000 伏特的高压来加速原子核。聚变发生的概率以"*截面*"的形式给出，简单说来，这是对一个被高尔夫球瞄准的球洞的大小的度量。三种最可能发生的核聚变的截面显示在图4.5中。在聚变高尔夫中，球洞的有效大小取决于碰撞原子核的能量。对于DT聚变，当用100 000伏特（相当于100千电子伏的能量）来加速氘核时其反应截面最大；在更高的能量情况下反应截面反而会减小。图4.5显示了为什么DT聚变反应是最有利的——它在低能量情况下提供了最高的聚变概率（即最大的截面），即使在这种情况下球洞仍然是非常非常的小——面积仅有大约 10^{-28} 平方米。

与数百伏的通常的家用供电相比，几十万伏的电压听起来是相当的高。但是，1930年工作在剑桥大学卢瑟福实验室的约翰·克罗夫特（John Cockroft）和欧内斯特·沃尔顿（Ernest Walton）设计并建造了能够产生这样高的电压的加速器，现在这类设备在各物理实验室已经是很普通的了。事实上，那些研究中子和质子内部结构的物理学家使用了可以加速粒子到*千兆伏特*能量范围的加速

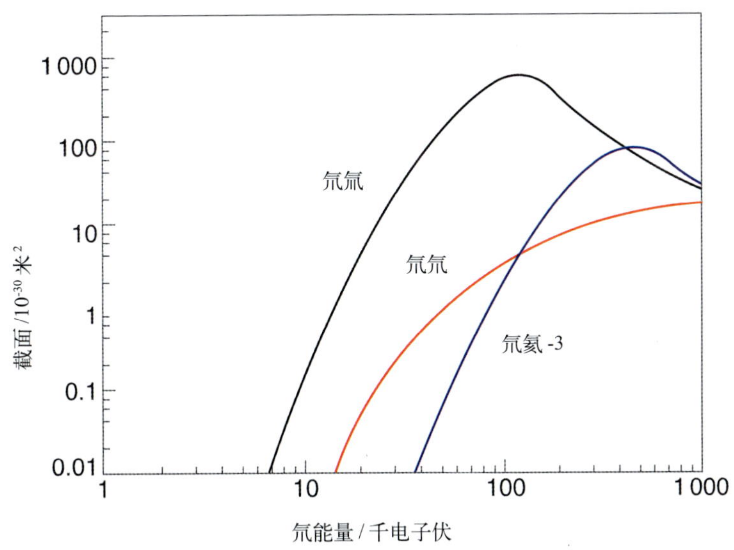

图 4.5　在一定的氘离子能量范围内的聚变反应发生的概率（截面）

显示了三种反应的数据：氘氘、氘氚和氘氦 -3。在较低的能量下氘氚反应的概率比其他两种反应高得多

器，这就是数十亿伏的电压，而且还在计划建造太伏特的加速器，这就是数太伏电压。

在实验室中加速原子核到聚变所需要的能量并非难事。通过用加速的氘核去轰击含氚的固体靶来研究聚变反应是相对容易的，1934 年英国剑桥的马库斯·奥利芬特（Marcus Oliphant）和保罗·哈特克（Paul Hartek）就是用这种方法测量了图 4.5 所示的截面。问题是“聚变洞”非常小，而且“山丘”非常的陡，绝大部分加速的核被“山丘”弹落，失掉加速它们时所投入的能量，不能足够靠近靶核以引起聚变，实际上仅仅极其微小的碰撞（一亿分之一）就可导致聚变的产生。我们再回到与打高尔夫的类比上，现在的情况很像是高尔夫球落在山上后，我们击球，希望自己有足够的运气，能够使球寻找到路线越过山顶入洞，当你冲着球洞击球 1 亿次时，真正成功的次数极少，绝大多数球都跌落山下而损失掉。在聚变的情况下不仅是失掉大量的球，而且大量的能量也与球一起损失掉了。

现在不得不寻找更好的方法。很明显我们需要一种方法，把所有跌落山下的球收集起来并保证不让其能量损失掉，再让它们一次一次地重新爬坡，直到最终进入洞中。让我们离开高尔夫球场进入台球室或者弹子房来说明这一点是如何实现的，如果球被用力击打，它就可能在台球桌上来回反弹，而不损失其能量（假定球和球台之间是无摩擦的）。如果是大量的运动着的球都如此，它们就会互相反复地碰撞分散开来而不损失能量，偶尔会有两个球有着合适的能量并精确地运行在正确的轨道上而允许它们碰撞时聚合到一起。然而，重要的是要记住这种聚合在 1 亿次碰撞中才发生 1 次。

这幅无规则运动着的球相互碰撞的图很像一种气体的行为。气体粒子——它们通常是*分子*或者因完全无规则地相互碰撞而反弹，或者与容器壁碰撞而反弹，但其总能量不会损失。各个粒子碰撞时会不断地相互交换能量，这样，总是有一些粒子具有高的能量，而另一些粒子具有低的能量，而平均能量维持不变。气体的*温度*就是对这一平均能量的度量。

这些考虑提出了一个较好的实现聚变的方式，即将氘与氚的气体混合并将之加热到所需温度。之所以称之为*热核*聚变，就是要清楚地区别于加速单个原子核并使之相互碰撞或者与稳态的靶相碰撞的情况。必须达到大约2亿摄氏度的温度才能获得充分的能量以保证足够份额的原子核发生聚变，对于这样高的温度值人们很难有一个感性认识。请记住冰在零摄氏度时融化，水在100摄氏度时沸腾，铁在1 000摄氏度左右融化，而在3 000摄氏度时任何东西都会蒸发掉，太阳芯部的温度大约是1 400万摄氏度。而对于聚变来说，我们谈论的是数亿摄氏度的温度。如果把2亿摄氏度的温度用我们熟悉的刻度尺衡量，那么这个普通的室温计将需要400千米长。

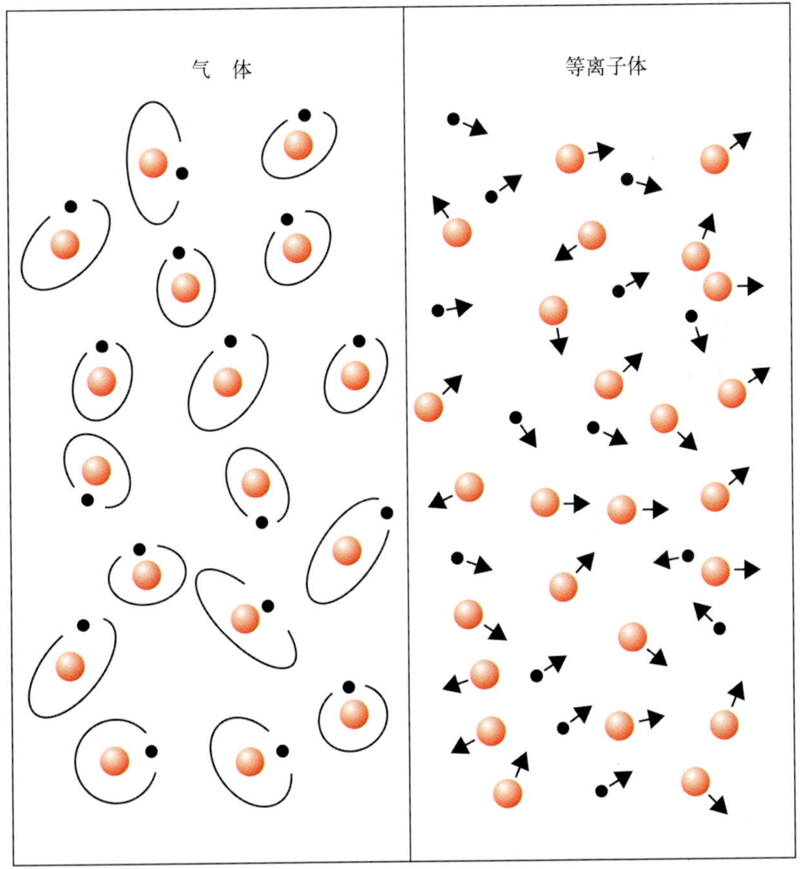

图4.6　当气体（尽管许多气体是分子气体，但这里显示的是原子气体）被加热到很高温度时，它将分解成由带负电的电子和带正电的原子核或离子组成的混合物

灼热气体中的碰撞将原子上的电子击打掉从而生成核和电子的混合物，我们说这些气体被*电离*了，并给予它一个特别名字——叫做*等离子体*（见图 4.6）。等离子体是物质的第四态——即固体熔化形成液体，液体蒸发形成气体，而气体可以被电离形成等离子体。在许多日常条件下，气体会以这种电离状态存在，比如像在荧光灯甚至是明火中，尽管在这些例子中仅仅是很小一部分气体被电离。在星际空间中，几乎所有的物质都是以完全电离的等离子体的状态存在，但是粒子的密度非常低。因为等离子体是一种物质基本态，所以对它们的研究是一种基于像研究固体、气体和液体那样的纯科学论证。在聚变需要的高温条件下等离子体是完全电离的，因而是一种由负电子和正原子核组成的混合物。在这种混合物中必须存在相同数目的正负电荷，否则不平衡的静电力会引起等离子体迅速膨胀。正的原子核叫做离子，以下我们就使用这个术语。等离子体的一个重要性质是由于它由带电粒子组成，因此是导电的。在发生聚变的高温条件下，氢等离子体的电导率比常温条件下的铜高 10 倍。

容器壁的问题如何解决？离子的温度必然非常高，所以绝不可能把等离子体盛在一个普通的容器中，即使是最难熔的材料，比如像石墨、陶瓷或者钨，也会被等离子体的高温蒸发掉。有两种选择，一种是用磁场在热的燃料与器壁之间形成一个壁垒。离子和电子上的电荷阻止它们直接跨越磁场。当这些带电粒子试图跨越磁场运动时，它们便简单地作绕圈运动，但可以沿磁场方向自由运动，所以总体运动是沿着磁场方向的盘旋线（螺旋线）。磁场可以以这种方式引导带电粒子，从而防止它们撞击周围的器壁，这种方式叫做*磁约束*。第二种选择是压缩聚变燃料并迅速加热，使之在向外扩展并接触器壁之前就发生核聚变，这叫做*惯性约束*，它就是氢弹的原理，也是试图使用激光产生聚变能的原理。我们将在下一章中详细地描述这两种约束方式。

4.3 能量得失相当

现在基本的问题之一是确定从聚变输出净能量所需要的条件。一方面需要能量加热燃料到聚变反应所需的温度，另一方面是热等离子体以各种方式失掉能量。显然，对于一个产出的能量小于其运行所需的能量的聚变电站，人们是没有兴趣的。设在哈韦尔（Harwell）的英国原子能研究机构（译注：20世纪50年代中期后改称英国原子能管理局）的物理学家约翰·劳逊（John Lawson）（见图4.7）在20世纪50年代中期就指出"必要条件是等离子体密度与约束时间的乘积大于某一给定值"。等离子体密度（一般用n表示）是每立方米中的燃料离子数，*能量约束时间*通常用τ_E表示，是一个更加难以捉摸的量，它是等离子体中能量损失速率的度量，被定义作等离子体中的总能量除以能量损失率。能量约束时间类似于关掉中央暖气系统后房子的冷却时间常数。当然等离子体是不允许冷却掉的。我们的目标是维持它在一个均衡的高温下，那么*能量约束时间*就是对磁约束质量的衡量。正如完全隔离的房子会冷却得更慢那样，聚变等离子体的能量约束时间也会因很好的磁"隔离"而改善。劳逊假定所有的聚变功率以热的形式获得且以一定的效率（他将其设为33%这样一个发电站的典型效率值）转换为电能，然后用这些电能加热等离子体。现在关于磁约束聚变的计算采用了略微不同的假设，但得到相同的结论。

图4.7 约翰·劳逊（John Lawson）

1957年，劳逊在都柏林召开的英国物理协会会议上解释了能量平衡的必要条件。当时实验结果仍然是保密的，这次会议是第一次关于能量平衡的公开讨论。他从1951—1962年从事聚变研究，但他的绝大部分时间致力于高能加速器物理研究

DT反应生成氦核［通常叫做*阿尔法*(α)*粒子*］和一个中子，聚变反应释放的能量分配在阿尔法粒子和中子上，其中阿尔法粒子占总能量的20%，中子占80%。中子不带电荷，不受磁场的影响，它从等离子体中逃逸出来并在周围的构件中慢化，正是在周围的构件中中子转换其能量而且与锂发生反应生成燃料氚。聚变能先被转化成热，然后转换成电能，这就是聚变电站的输出。阿尔法

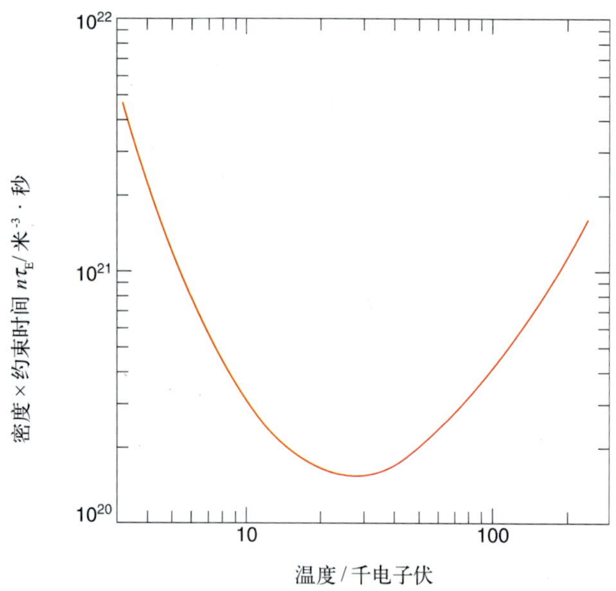

图 4.8 点火判据：等离子体点火所必需的密度乘以约束时间的值作为等离子体温度的函数曲线

曲线在30千电子伏（约3亿摄氏度）附近有一最小值

粒子带正电荷，所以它被磁场捕获。阿尔法粒子的能量可以用来加热等离子体。刚开始时需要外部能源来提高等离子体的温度，但随着温度升高，聚变反应率增加，阿尔法粒子就会提供越来越多的加热功率，最终靠阿尔法粒子自身加热就足够了，这样聚变反应就变成为自持的，这种情况称之为*点火*。这完全像用煤气火炬点燃煤炉或者户外烤炉，煤气火炬提供外部加热，直到将煤加热到足够高的温度使之自持燃烧。

在磁约束中计算点火条件时假定阿尔法粒子的加热等于等离子体中的能量损失率，这一假定比劳逊较早时候提出的形式要稍微严格一些，因为现在仅仅是20%（而不是原来的33%）的聚变能用来加热等离子体。点火条件与劳逊判据有着同样的形式，因而两者常常被混淆。密度与约束时间的乘积必须大于某一给定值，而这一给定值与等离子体温度有关，在DT反应中它在30千电子伏（约为3亿摄氏度）附近有一极小值（见图4.8）。以*每立方米粒子数×秒*为单位，点火条件可写为

$$n \times \tau_E > 1.7 \times 10^{20}\ \mathrm{m^{-3}s}$$

但是，由于聚变反应的截面及其他参数与温度有关，在稍微低一些的温度条件下实现点火是最佳选择。在10～20千电子伏（1亿到2亿摄氏度）的范围内，点火条件可以写成包括温度在内的略微不同的形式（见附注4.3），

$$nT\tau_E > 3 \times 10^{21}\ \mathrm{m^{-3}\ keVs}$$

单位是每立方米粒子数×千电子伏×秒。这一形式可以用不同的单位表示，这样的表示对非专业人士来说会更清楚一点。温度和密度的乘积是等离子体压强，那么点火条件就变成：*等离子体压强（p）×能量约束时间（τ_E）必须大于5巴·秒*（1巴等于10^5帕）。

附注4.3

约束条件

DT磁约束聚变达到点火并持续运行的条件，是由设α粒子加热率等于等离子体的能量损失率计算出来的。每一个α粒子传输3.5 MeV能量给等离子体，这样每单位体积的等离子体的加热功率（以$\mathrm{MW\,m^{-3}}$为单位）就是$P_\alpha = n_D n_T \overline{\sigma v}\, k\, 3.5 \times 10^3$。DT聚变反应率$\overline{\sigma v}$（$\mathrm{m^3 s^{-1}}$）是截面σ在温度$T$（keV）条件下，对相互碰撞核的相对速度$v$的平均，而$n_D$和$n_T$分别是D和T燃料离子的密度（$\mathrm{m^{-3}}$）。对于DT反应来说，50∶50的燃料混合是最佳的，因此$n_D = n_T = \frac{1}{2}n$，这里n是平均等离子体密度，所以

$$P_\alpha = \frac{1}{4} n^2 \overline{\sigma v}\, k\, 3.5 \times 10^3\ \mathrm{MW\,m^{-3}}$$

等离子体中的能量损失确定如下：在温度T下，一个等离子体粒子（离子或电子）的平均能量是(3/2) kT（每1自由度相当于$\frac{1}{2}kT$）。等离子体中具有相等的离子和电子数，因此每单位体积中总的等离子体能量是$3nkT$，这里k是玻尔兹曼常数，当我们用keV来表示T时，它可以写作$k = 1.6 \times 10^{-16}$ J/ keV。等离子体中的能量损失率由能量约束时间τ_E来表征：$P_L = 3nkT/\tau_E$。设α粒子加热等于等

离子体能量的损失，这样就给出

$$n\tau_E = (12/3.5\times10^3)(T/\overline{\sigma v})\ \mathrm{m^{-3}s}$$

这个方程的右侧仅仅是温度的函数，并且在 T=30 keV 附近有一极小值，即

$$(T/\overline{\sigma v}) \approx 5\times10^{22}\ \mathrm{keV\ m^{-3}\ s}$$

因此所要求的 $n\tau_E$ 值就是

$$n\tau_E \approx 1.7\times10^{20}\ \mathrm{m^{-3}\ s}$$

（见图 4.8）。

通常 τ_E 也是温度的函数（见附注10.4），对于 $n\tau_E$ 来说最佳的温度要比30 keV低一些。幸好我们可以利用DT聚变反应的一个特别的性质，即在 10～20 keV 的范围内DT反应率 $\overline{\sigma v}$ 正比于 T^2。在 $n\tau_E$ 的方程两边乘以 T，使其右侧变成与温度无关的($T^2/\overline{\sigma v}$)，而左侧则是三乘积 $nT\tau_E$，由此可得

$$nT\tau_E = \mathrm{const} \approx 3\times10^{21}\ \mathrm{m^{-3}\ keV\ s}$$

事实上这里的常数的精确值与等离子体密度和温度的剖面分布有关，而且也取决于其他的因素，比如像等离子体的纯度。考虑了所有这些因素后，一个典型的值是

$$nT\tau_E \approx 6\times10^{21}\ \mathrm{m^{-3}\ keV\ s}$$

重要的是我们要强调一点，即三乘积只是在 T 为 10～20 keV 的范围内才是一个正确的概念。

对于一个脉冲系统（比如像惯性约束聚变）来说，如果把 τ_E 定义作脉冲的持续时间，同时用如下假定来替代α粒子加热和能量损失之间构成的稳态平衡，即假定每一个脉冲的聚变能全部被提取出来并转换成电能，并必须把其中的一部分输出用来加热下一个脉冲聚变燃料，这样，聚变所需的条件可以表示为类似的形式。关于惯性约束的转换效率和加热循环将在附注 7.1、7.2 和 11.3 中作进一步讨论。

现在的单位是*巴×秒*，1巴接近地球的大气压。等离子体压强与约束时间的关系由图 4.9 表示。

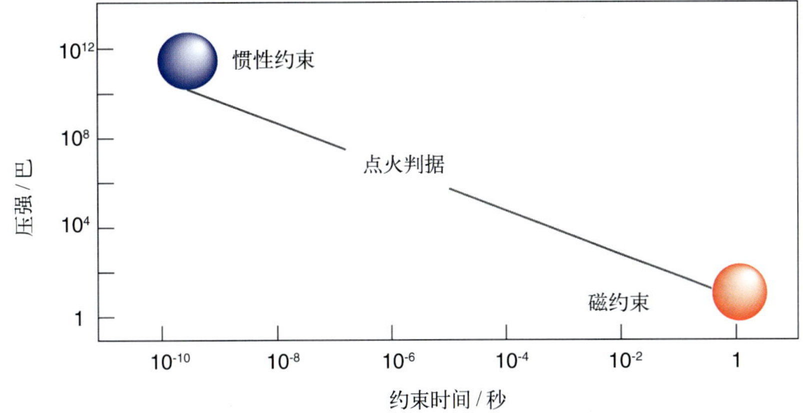

图 4.9　在等离子体压强（以巴为单位）和约束时间（以秒为单位）为坐标的空间中绘出的聚变所需条件

图中表示了惯性约束和磁约束聚变的区域，这两种情况都要求温度在 10～20 千电子伏 （约 1～2 亿摄氏度）范围内

对于磁约束聚变来说，大约 5 秒的能量约束时间和大约 1 巴的等离子体压强就是可能满足点火条件的组合之一。粗看起来异常热的等离子体的压强接近于大气压是令人惊奇的，但是压强是密度乘以温度，所以说一个相对低的密度抵消了非常高的聚变等离子体温度。对于惯性约束聚变来说，反应时间要短得多，其典型值小于十亿分之一(10^{-9})秒，因此压强就必须要高——高于50亿倍的大气压，同时聚变燃料也必须被压缩到高于水的密度 1 000 倍。

所谓的三乘积 $nT\tau$ 是比较聚变实验结果时采用的评价参数（但要注意到这一参数仅仅在 10～20 千电子伏的温度范围内才是正确的）。尽管要达到点火条件需要长期而艰苦的努力，但现在已是目标在望，在某些实验中等离子体温度已经超过30千电子伏，而且约束时间和密度也都在合适的范围内。最近磁约束实验的结果已经使三乘积 $nT\tau$ 逼近到点火条件的五分之一。最好的惯性约束结果大约为磁约束的十分之一。

第 5 章

磁 约 束

5.1 一些早期实验

在科学发展中，常常同时有很多人沿类似的思路考虑问题。磁约束聚变的发展也一样。因此，很难说哪一个人是磁约束聚变的“发现者”。在二次大战以前和战争期间，已经有一些关于通过聚变反应来获得能量的推测和讨论。至于在那些曾在洛斯阿拉莫斯研制原子弹的物理学家中讨论聚变能基本原理，那更自然不过了。不过那时候他们有更紧迫和更需优先解决的事情要做，所以直到二战结束以前，他们由于种种原因没有进一步深化那些早期关于开发聚变能的想法。但不久，其中一些科学家开始回过头来研究聚变问题。

英国人采取了第一个实实在在的步骤。1946 年，乔治·汤姆逊（George Thomson）（见图 5.1）和摩西·布莱克曼（Moses Blackman）在伦敦帝国大学注册了一份有关热核电站的专利。他们的专利很快被定为保密性的，因此那时没人知道详情。实际上，这份专利描绘了用磁场将高温等离子体约束在面包圈形状真空室中的计划，这与现在的聚变实验装置太像了。这个面包圈，用一个恰当的几何术语叫做“充气的汽车轮胎”，实际上是一个*环形真空室*。从现在具有的聚变科学知识的角度看，这个早期的思想是不能真正有效地付诸实施的，但在当时，它还是对如何实现聚变能开发问题给出了清晰的思路。这个建议当时引起了很多的讨论，并使帝国大学开始了聚变的实验研究。

1946 年，在牛津大学的克拉伦敦实验室（Clarendon Laboratory）开始了一项类似的研究工作。彼得·桑纳曼（Peter Thonemann）（见图 5.1）从澳大利亚的悉尼大学来到牛津。在早些时候，在悉尼大学曾发现过称之为*箍缩效应*的现象。这种现象是：在闪电过程中，当大电流通过中空的导电灯管时，放电会长时间收缩。如果说收缩效应足以使金属受到压缩，也许它可以约束等离子体。基本思想非常简单，如图 5.2 所示。当电流通过导体（现在是等离子体）时，它将产生磁场，这些磁场围绕着电流。如果电流足够大，所产生的磁力就会足够强，就可以将等离子体约束起来，也就是*箍缩*起来，并使其脱离器壁。但在这一过程中，在直线形放电管中，等离子体会很快地从管子的两头逃出。如果将直管子弯成环形，原则上就可以产生一种自我约束的等离子体并使其与材料表面脱离接触。这个问题将在附注 5.1 中更详细地讨论。

图 5.1　乔治·汤姆逊（George Thomson）（左）和彼得·桑纳曼（Peter Thonemann）

该照片为他们在 1971 年举行的一次会议上相遇时的情景。
汤姆逊曾因成功解释电子特性而获得 1937 年的“诺贝尔物理奖”

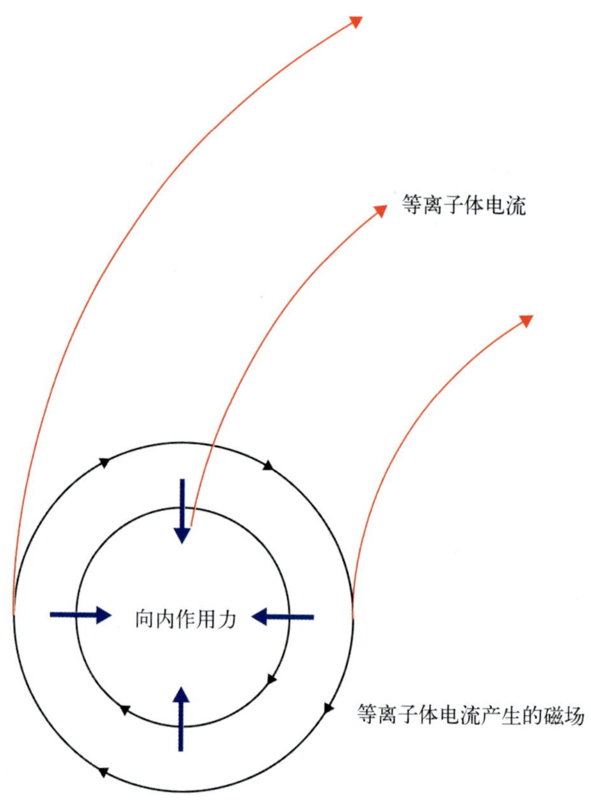

图 5.2　说明箍缩效应物理机制示意图

当电流通过导体时，电流使导体受到压缩。当电流沿环向流动时会产生磁场。电流与这个电流自身产生的磁场的作用力是指向内部的

桑纳曼用一系列小的环形玻璃管来进行实验。先将空气从玻璃管抽出，然后注入压强远低于大气压的氢气，可以将氢气电离成等离子体。在环形玻璃管外面绕有金属线圈，该线圈接到高功率射频电源上。外置线圈内的电流会在环内等离子体中感应产生电流。几年以后，这个简单的系统被换成一种使用铁芯变压器和高压电容器的更有效的设备。当电容器通过变压器的初级线圈放电时，它在等离子体中产生感应电流，这个电流构成了变压器的次级回路。

附注 5.1 磁约束

均匀磁场中的带电粒子沿磁场方向的运动是自由的，但在垂直于磁场方向，则受到磁力的作用而在圆形轨道上运动。结合这两种运动，带电粒子的轨迹是沿磁场的一种螺旋线，即螺线，见图 5.3(a)。螺线轨道的横向半径称为*拉莫尔半径* ρ（有时也叫*旋转半径*，或*回旋半径*），半径的大小与粒子所带电荷、粒子的质量、运动速度以及磁场的强度有关。电子的拉莫尔半径为

$$\rho_e = 1.07 \times 10^{-4}\, T_e^{0.5} / B$$

这里，T_e 是温度，以千电子伏（keV）为单位，B 是磁场，以特［斯拉］（T）为单位。电荷数为 Z，质量数为 A 的离子的拉莫尔半径是

$$\rho_i = 4.57 \times 10^{-3} (A^{0.5} / Z)\, T_i^{0.5} / B$$

因此，在同样的温度和磁场条件下，一个氘核离子的拉莫尔半径约为电子拉莫尔半径的 60 倍。（见图 5.3）

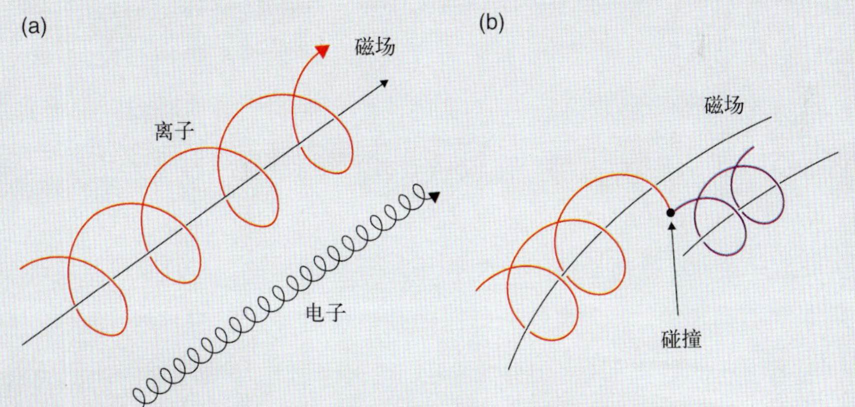

图 5.3　(a) 离子和电子在直线磁场中的回旋运动的示意图
(b) 离子的一次碰撞使该离子位移到新的轨道上

在混合气体中，气体的总压强是各气体成分的分压强之和。等离子体也一样，热等离子体有一个向外作用的压强，它是电子和离子的动力学压强之和；

因此有 $p=n_e kT_e+n_i kT_i$ 这里，k=1.38 × 10^{-23} J/K，或 1.6 × 10^{-16} J/keV，是玻尔兹曼常数。为简单计，可以设 $n_e=n_i$ 和 $T_e=T_i$，但这不总是正确的。在磁约束系统中，等离子体的向外的动力学压强必须由一种向内的力来平衡——可以方便地把磁场的作用看成是磁场提供一个大小为 $B^2/2\mu$ 的磁压强，这里 B 是以 T（Tesla）为单位的磁场强度，$\mu_0=4\pi\times10^{-7}$ H/m 是自由空间的导磁率。等离子体压强与磁压强的比值定义为比压值 $\beta=2\mu_0 p/B^2$。人们曾作了许多尝试来发展 $\beta\approx1$ 的磁约束位形，但可以达到聚变的最成功的途径是环流器（托卡马克）和仿星器（Stellarator）——为保持稳定，要求 β 值相当低，仅为百分之几。

在理想的磁约束系统中，带电粒子在与其他粒子碰撞后可以横越磁场运动。碰撞使带电粒子从原先的轨道位移到新的轨道上（见图5.3（b）),这个位移的特征步长为拉莫尔半径量级。碰撞使单个粒子做无规则运动，时而向内，时而向外，但若粒子的密度存在梯度，就有一个净的向外的粒子扩散流。扩散系数形式如 ρ^2/t_c，这里 t_c 是碰撞特征时间。因为离子的轨道半径远大于电子，因此预期其扩散远大于电子，但实际上等离子体必须保持电中性，因此不应产生这样的扩散。会产生一个径向电场来阻止离子的快扩散并使其与电子的慢扩散相一致。等离子体扩散的这种现象叫做*双极效应*。但是，对实际磁约束等离子体中观测到的损失来说，这种简单的经典图像并不正确，我们必须寻求其他效应（见附注 10.3）。

实际的结果是，等离子体的产生并不是那样简单的。人们很快就发现，等离子体是非常不稳定的。它会像蛇一样扭动并很快与环形器壁接触，如图5.4所示。其中一些不稳定的等离子体，但并非全部，可以通过增加绕在环的外部的磁场绕组的方法来制服。等离子体的温度也很难测量，据估计，虽然从通常标准来看等离子体的温度很高，但比起聚变所要求的几亿摄氏度高温来说还差得很远。

5.2 在紧闭的大门后面

聚变研究不仅在科学家们看来是充满希望的，而且在政府看来也是如此。除了产生能量外，当时看起来非常吸引人的另一应用是聚变会产生大量的中子。

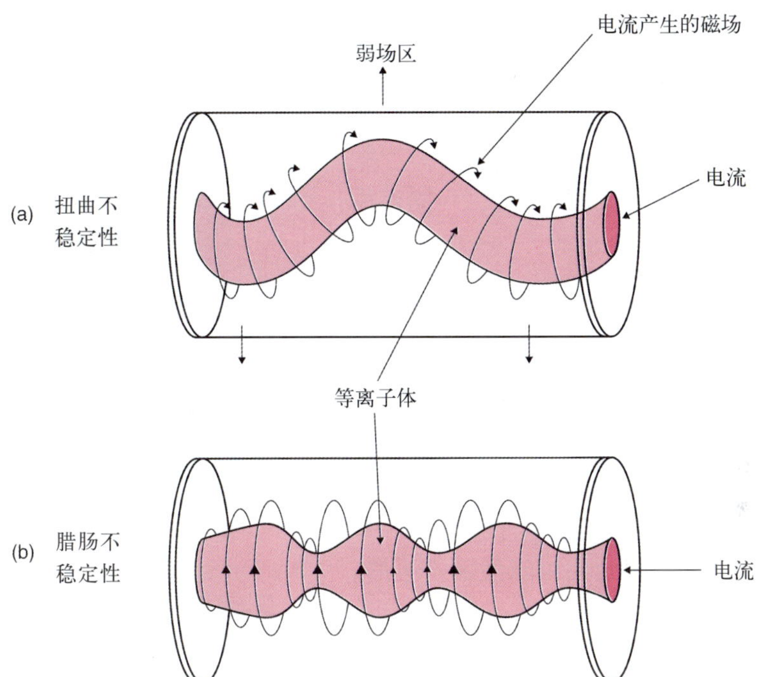

图 5.4 说明等离子体如何从约束它的磁场中“蠕动”的例子

如果等离子体发生了一些小的变形，磁场的外侧被拉伸，磁场强度减弱。这样，小的变形将增大，从而导致不稳定性

人们知道，这些中子可以用于增殖核武器所需的钚，而增殖的方式要比在裂变反应堆中更快速和更有效。于是，聚变研究立即被划定为秘密项目，研究工作也从大学转移到更安全的政府研究中心，例如英国就移到靠近牛津的哈韦尔（Harwell）国家研究中心。

保密的窗帘落下来了，以后几年，人们很少听到关于聚变的消息。1951 年发生了一件怪事。当时的阿根廷总统庇隆（Peron）发表了一个声明，说在阿根廷工作的一位澳大利亚物理学家在聚变研究中获得了突破。细节没有披露，而且后来发现这个消息是假消息。但是在美国，公众的确要求科学家和政府注意这个课题，这竟成了一种激活聚变研究的催化剂。1952 到 1953 年间，美国发起了一个雄心勃勃的保密规划。在美国就曾有几个实验研究小组试图采用不同的磁场形态来约束等离子体。内部的争论使研究工作充满活力，在1954年前后，聚变研究简直可以说是以爆发性的方式发展，先前建造的实验装置还没有来得及开展工作，新的实验装置又开始建造了。

在美国新泽西州的普林斯顿大学的天体物理学家拉曼·斯必泽（Lyman Spitzer）（见图5.5）发明了一种称为*仿星器*（*stellarator*）的约束等离子体的装置。与箍缩装置不同，仿星器中约束等离子体的磁场不是由流过等离子体的电流产生的，而是完全由外部线圈产生的。在箍缩装置中，电流在环形真空室沿*环向流动*，所产生的磁场围绕着环形等离子体，即在所谓的*极向方向*（见图5.6和附注5.2的讨论）。关于仿星器的原始概念是将等离子体约束在环形磁场中。但很快人们就明白，这种单纯的环形磁场是不可能约束等离子体的，必须将环形磁场加以扭曲才能约束等离子体。第一

图 5.5 拉曼·斯必泽
（Lyman Spitzer）（1914—1997年）

斯必泽是著名的天体物理学家，也是理论等离子体物理之父。现在，人们把通过等离子体的电流感受到的电导率称为*斯必泽电导率*。1947—1979年间，他是普林斯顿大学的天文学教授。他的很多贡献中，有一项是以他首次建议在空间卫星上建立望远镜而知名的。他在这方面的先知灼见受到人们的尊重，因而在2003年8月25日从佛罗里达州卡纳维拉尔角由德尔塔火箭发射的太空望远镜被命名为“斯必泽太空望远镜”

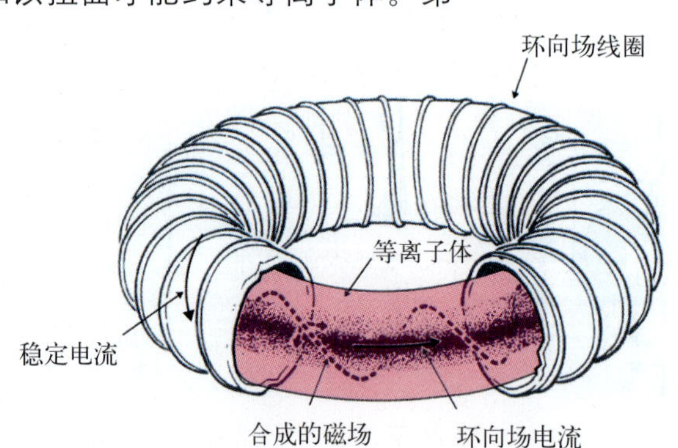

图 5.6 最早的环形装置之一——环形箍缩装置示意图

存在两类磁场：由通过等离子体的电流产生的极向磁场和外加线圈产生的环向磁场。极向磁场比环向磁场强得多。图中显示，合成磁场沿环形真空室扭曲成螺旋状

个仿星器装置是通过将整个环扭成“8字”形来实现的。后来则通过附加第二组扭曲线圈，即所谓的*螺旋绕组*来实现，见图5.7。仿星器具有一个优点，即它可以稳态运行，它具有作为磁约束聚变反应堆的潜质，因此直到今天，对仿星器的研究还在一些聚变实验室中积极地开展着。

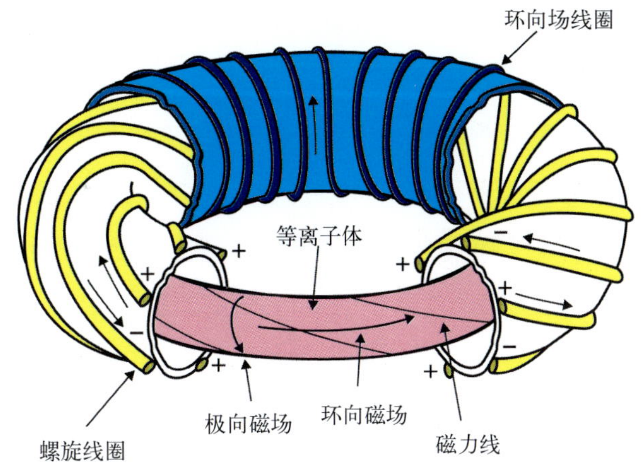

图5.7 仿星器装置示意图

外部的线圈用于产生环向磁场，内部的螺旋线圈产生极向磁场，从而使磁力线产生扭曲，使磁力线围绕内真空室成螺旋线形。环向磁场要比极向磁场强很多

附注5.2 环形约束

最早的磁约束装置是在20世纪40年代末在英国发展起来的。这是一些环形箍缩装置（见图5.6），它们试图用通过等离子体的环向电流所产生的纯极向强磁场来约束等离子体。在强电流产生的强磁场的作用下，等离子体受到压缩（或*箍缩*——这是装置所以命名为箍缩装置的原因），同时脱离器壁。但是这样产生的等离子体约束位形是很不稳定的——等离子体会像一条蛇一样到处乱窜，最后变成一串香肠的模样（见图5.4），如果另外加上一个较弱的环向磁场，等离子体的稳定性可以得到很大的改善，而且，如果这个环向磁场能够在等离子体的外部实现反向，等离子体的稳定性将进一步改善。后面这种位形现在称为*反场箍缩*（RFP）。最初实验中，场的反向是自然地实现的，现在可以用人为方法实现了。反向场位形的一个潜在优点是可以实现高的比压值β，但能否达到好

的能量约束还有些渺茫。

实现环形约束的第二种方法是采用*仿星器位形*，这种位形最初是20世纪50年代在美国普林斯顿发明的。后来逐渐发展成约束聚变等离子体的一个途径，它不是由等离子体内部的电流产生的磁场，而是用外部环向场线圈产生的环向强磁场来约束聚变等离子体。但是这种纯环向磁场不能平衡等离子体向外的扩张力（这也是环形角向箍缩失败的原因之一）。有必要让磁力线在沿环向通过时产生一定的扭曲使它既绕过截面的内侧，又绕过截面的外侧（见图5.7）。现代仿星器线圈的绕制方法已经演化成多种方案，但它们的基本原理是共同的，即对环向磁场进行扭曲。20世纪60和70年代，仿星器的成就已经落在托卡马克后面，但目前，在能量约束时间随装置尺寸大小的定标关系方面，仿星器已与托卡马克并驾齐驱。目前最大的仿星器装置是日本土岐市的*大型螺旋器装置*（LHD），于1998年投入运行，另一个是WX-7仿星器，现正在德国的格拉夫瓦尔德建造中。

第三种，也是最成功的一种环形约束途径是*托卡马克*，最初是20世纪50年代在莫斯科发展起来的。托卡马克具有环形箍缩的特点，有非常强的环向磁场用于稳定等离子体，并由通过等离子体的电流产生极向磁场使环向磁场得到扭曲。现在，在建造磁约束聚变反应堆方面，托卡马克是最强大的竞争者。详细的讨论放在第9章中。

在新墨西哥州的洛斯阿拉莫斯国家实验室，科学家们除了研究那种与英国科学家所研究的类似的环形箍缩装置外，还研究了一种*角向箍缩装置*，它利用快速上升的环向磁场来压缩等离子体。科学家们认为，如果这个磁场上升得足够快，就可能在等离子体从两边开端逃出之前把等离子体的温度加热到聚变温度。在加利福尼亚州的劳伦斯·利弗莫尔国家实验室，科学家们也建造了一些直线形装置，不过，他们研究的重点是将直线装置的两端的磁场做得更强，这就是所谓的*磁镜装置*。在田纳西州的橡树岭国家实验室随后也建造了磁镜装置。一些直线形磁约束装置的示意图列于图5.8，在附注5.3中则对此有所概述。虽然从易于建造和维护的角度看直线形装置与环形装置相比有其优点，但是，显然直线形装置存在端部损失问题。本书的篇幅有限，因此，我们没有详细地介绍曾经探讨过的解决这方面问题的各种方法，我们只能集中介绍那些仍然在进行研究的最成功的方法。

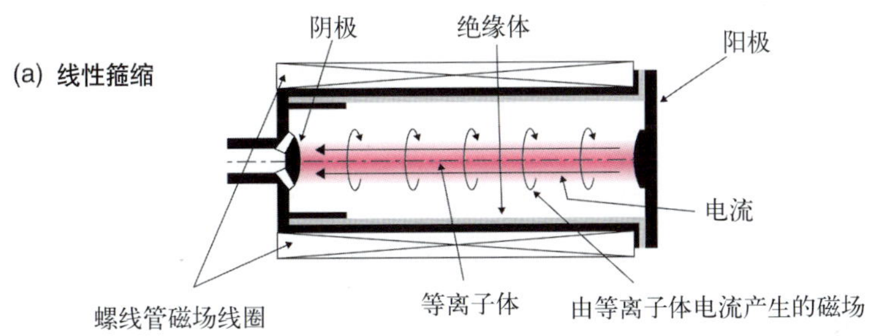

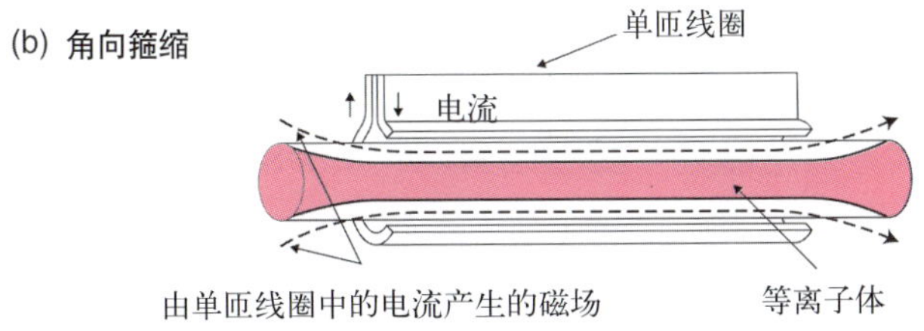

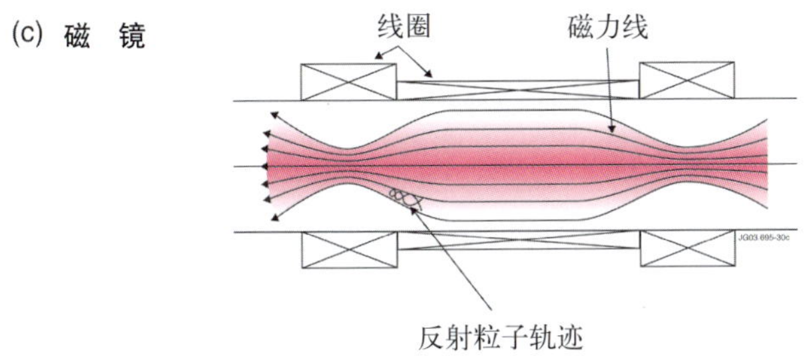

图 5.8 三种不同的直线形磁约束位形示意图

这些位形都曾被认为可能约束高温等离子体。所以这些直线位形都存在非常大的端部损失，因而都已被放弃

在苏联，对聚变研究的建议首先是由奥立格·拉夫伦杰也夫（Oleg Lavrentiev）提出的。此人是在苏联军队中服役的一名年轻士兵，甚至没有得到过高等学校的学位。他提出的用电场而不是用磁场来约束等离子体的建议被送到莫斯科的科学家手中。这些科学家们审查了他的建议后认为，用静电场来约束等离子体

是不可能的，并建议改用磁场来约束。这推动了一个强有力的科学规划，最初重点放在箍缩放电研究方面，后来扩展到其他领域，如开端磁镜，再后来是环流器，即托卡马克，详细讨论见第9章。拉夫伦杰也夫的故事是引人注目的，他被调到莫斯科，在那里，他通过自学完成了学业，最后成为一名领衔教授。他的职业生涯持续到乌克兰的哈尔科夫（Kharkov），在那里他仍然充满热情地在聚变研究领域工作着。

5.3 呼吁解密——打开聚变研究的大门

所有这些研究都是在高度保密的状态下进行的。英国和美国的科学家之间互相有一些了解，但却不知详情。至于苏联的情况就更知之甚少了。聚变研究应当继续维持高度保密状态还是应当开放？呼吁解密的压力以异乎寻常的方式增加。1956年苏联领导人尼基塔·赫鲁晓夫（Nikita Khrushchev）和尼古拉·布尔加宁（Nikolai Bulganin）访问英国，此事受到舆论的广泛关注。随行人中有著名的物理学家伊戈尔·库尔恰托夫（Igor Kurchatov）（见图5.9），他访问了哈韦尔的原子能研究中心并应邀做了题为"通过气体放电产生聚变能的可能性"的报告。这对那些仍在保密状态下进行聚变研究的英国科学家来讲，是一件既惊奇又有趣的事。英国人感到很为难，因为他们很难在不暴露他们自己从事的秘密工作的情况下对报告提出问题，而且，要这样做，他们还需预先得到批准。他们发现，苏联科学家实际上采用了与英国人和美国人非常类似的途径进行磁约束聚变研究，那就是既进行直线位形，也进行环形位形的实验研究。库尔恰托夫的演讲的确很精彩，他概述了苏联科学家的一些发现。他警示大家，在这些气体放电实验中可能已经产生了中子，这表明聚变反应已经在进行，虽然还不是真正的热核反应。

附注5.3 直线约束

*在直线箍缩装置*中，沿两电极端之间的轴线流动的等离子体电流产生*角向*磁场，在其作用下，等离子体受到压缩（或箍缩）而脱离器壁。但等离子体很

快变得不稳定，破裂，甚至碰撞器壁。事实上，很多直线箍缩实验装置都用于研究在环形箍缩中观测到的不稳定性。20世纪60年代，直线箍缩的变体（称为等离子体聚焦）被广泛研究。直线箍缩装置作为重大的聚变电站候选装置已放弃很长一段时间了，但是它仍继续为学术研究提供稠密等离子体源。今天，直线箍缩以超快、超大电流装置（有时候采用金属丝产生等离子体）的形式保留下来，其目的是希望等离子体约束和加热在不稳定性还来不及发生时就已完成。作为磁约束途径，这些方案的潜力是有疑问的，但这些超快箍缩产生强大的X射线脉冲，因而正作为惯性约束聚变驱动器而得到广泛研究（见第7章）。

用绕在等离子体管外单匝导体中快速产生的角向电流产生*角向箍缩*。由此产生轴磁场来压缩和加热等离子体。1958年在美国洛斯阿拉莫斯研制出塞拉（SCYLLA）角向箍缩装置，它是第一个产生出真正的灼热聚变等离子体的磁约束系统，并且获得了由热核反应产生的中子。角向箍缩的脉冲持续时间是非常短的，一般约为1 ms，但是即使在这么短时间内等离子体也由于不稳定性和端部损失而丢失。试图通过增加磁场塞子或材料塞子来阻止端部损失或者将两端连接起来使直线角向箍缩变成环形角向箍缩的努力都失败了。直线箍缩和角向箍缩实质上都是脉冲装置。即使端部损失和不稳定性问题全都解决了，基于这些位形建造的聚变电站的主张也因为这种大的再循环能，而有不确定性。

第三种直线形磁约束途径是*磁镜装置*，其优势是它能稳态运行。在磁镜装置中，螺线管线圈产生稳态轴向磁场，并使端部的磁场强度增大。虽然具有大的平行速度分量的电子和离子可穿过磁镜逃逸，但这些强磁场区，即磁镜，仍可用于捕获螺线管中心低场区的大部分等离子体。在低等离子体密度下，磁镜装置看起来是有希望的，但要达到电站所需的高密度仍有困难。尽管把复杂的端室添加到基本的磁镜位形中，不稳定性和集体效应仍造成不可克服的损失。1986年美国就停止了磁镜装置的研究，苏联的这项计划也因缺乏研究基金而搁浅。日本筑波（Tsukuba）大学的GAMMA10磁镜装置仍在运行。

图 5.9 1956 年苏联代表团访问哈韦尔原子能研究中心

照片中前排左边的是该中心主任约翰·考克劳夫特（John Cockroft）；他身边的就是伊戈尔·库尔恰托夫（Igor Kurchatov）（1903—1960 年）。尼基塔·赫鲁晓夫（Nikita Kruschev）被挡在库尔恰托夫的后面，而尼古拉·布尔加宁（Niclai Bulganin）则在赫鲁晓夫的左边

库尔恰托夫（Igor Kurchatov）是苏联科学界的巨星之一，曾指导过苏联原子弹的研制，1951 年还制定了苏联第一个原子能裂变电站的计划。同年，他组织了第一次全苏受控热核聚变大会。几个月后，建立了以列夫·阿奇莫维齐为领导人的聚变实验室，1960 年逝世。他是核裁军的倡导人，他认识到将聚变研究公开化的重要性，在哈韦尔的演讲也是使聚变研究公开化的第一次尝试。聚变研究的第一次公开交流在 1958 年的日内瓦国际原子能大会上实现了。

5.4 泽塔装置

20世纪50年代初期，哈韦尔的聚变研究发展得很快。箍缩实验装置越造越大，装置的功率也越来越高，最后建造了泽塔（ZETA）装置，并于1957年投入运行。对当时的工程技术来说，建造泽塔装置既是一次大胆的冒险，也是一个了不起的成就。通过铝制环形真空室（大半径为3米，中孔半径为1米）的电流原先设计为10万安培，但这个指标很快被提高到90万安培。就在最初几周的氘等离子体实验中，电流即达20万安培，而且记录到大量中子，最高每个脉冲有1百万个。这引起了群情振奋，但要弄清的重要问题是：这些中子是*热核反应*产生的吗？库尔恰托夫早已警告过，离子束可能被加速到很高的能量并产生中子，而这些中子会被错误地解释成来自热等离子体。两者的差别是很细微的，然而非常重要，它会影响到将现有实验结果外推到聚变反应堆时应采用的方法。如果人们能精确测量等离子体的温度，就可以排除这方面的不确定性，然而当时测量温度的技术仍处在幼稚阶段。

关于英国有一个泽塔装置并在装置实验中产生中子的消息很快为传媒界所知。越来越大的压力要求哈韦尔发布官方评论，如果不这样做，只会使猜测越来越大。1958年1月末，正式决定把有关泽塔装置的实验结果以及英国和美国的其他聚变实验结果在著名科学刊物《自然》上发表。经过字斟句酌过的有关泽塔装置的结果完全没有说明中子是否可能来自热核反应的问题。但哈韦尔的主任——约翰·考克劳夫特（John Cockroft），则显得有些不谨慎，在一次新闻发布会上他被问到中子来源时，回答说有“90%的可能”来自热核反应。传媒对此做了热情洋溢的报道，于是，关于可能用海水产生廉价电力的故事就传开了。但不久，这件事情终于弄清楚了。科学家们对中子来源进行了仔细的测量分析，并证明这些中子不是热核中子。虽然泽塔装置在增加人们对聚变等离子体的了解方面做出了很大的贡献，但建造更大规模的这类装置的计划还是被放弃了。

5.5 从日内瓦到新西伯利亚城

泽塔装置试验结果发表后几个月，1958年9月，在日内瓦由联合国举办的关于原子能和平应用的国际会议上，保密的帘幕最终被拉开了。而且，有几个真实的聚变实验装置也被带到会议上进行演示。来自共产主义国家和资本主义国家的聚变科学家有机会第一次面对面地互相交换各自研究工作的详情，互相对比主要的观点，以及相互提问。在多数情况下，他们发现大家基本上是沿着类似的研究方向进行探索并独立地发现了相同的结果。此外，这次大会也为这些科学家的会面提供了良机。一些科学家之间建立了个人接触，这为以后在聚变研究方面的国际合作打下了强有力的基础。

根据各种聚变装置的磁场形态在端部是开放的还是闭合的，可以将它们分成两大类，如角向和直线箍缩装置，磁镜装置属于磁力线开放型，而环形箍缩装置和仿星器则属于闭合型。每一大类中，又可分为快速脉冲型的和有可能实现稳定运行型的两种。要满足所谓的*劳逊判据*（密度和约束时间的乘积要达到一个最小值，见附注4.3），快速脉冲系统只能将等离子体维持最多千分之几秒，因此这种系统中的等离子体密度必须很高，而对长脉冲系统，等离子体能量可以约束若干秒钟，密度可以较低。

20世纪50年代，引导聚变研究的是那些可以达到高等离子体温度和大中子产额的系统，即以角向箍缩为代表的快速脉冲型开端系统。其引人注目的结果是：等离子体在最初的磁场快速压缩过程中得到了加热，这个过程很快，因而等离子体还来不及从端部逃出或变得不稳定，但是，等离子体可以从端部逃逸以及会发展起很快的不稳定性的缺点最终使这类装置很难成为聚变堆。开端磁镜装置也存在等离子体从端部快速损失的问题。虽然环形箍缩装置和仿星器装置不存在端部损失问题，但实验发现等离子体横越磁场的损失比理论预期的快得多。如果将这种主导性的损失规律外推到聚变电站，从商用角度看，聚变电站的建造就显得非常困难——也许可以说是不可能。

20世纪60年代聚变研究的进展很缓慢，而且令人感到痛苦。前些时候的乐观不见了，代之以悲观的看法：用磁场实现高温等离子体的约束太困难了。热等离子体中可以发生极强烈的不稳定性，而且，即使最危险的不稳定性能够避免或克服，等离子体的冷却速率也太快。同时，新的理论结果不断预测更具威胁的不稳定性和损失机制。对一些新的磁场位形的约束特性进行了试验，但都没有获得原先的好的预期结果。这样，研究的重点也发生了转移，从期望很快获得突破转移到更好地了解磁约束等离子体的基本性质上来，科学家们开始用更精确的测量手段去进行更细致的实验。

由于试图减少开端损失的努力成效甚微，于是，直线形装置一个接一个被放弃了。环形系统、仿星器和环形箍缩研究则取得稳步进展，慢慢地显示出有改善约束的征兆，但这些装置也被一个后起之秀取代了，这就是最初由莫斯科的库尔恰托夫研究所发明的磁场位形——*托卡马克*。这个名称来自几个俄文词汇的缩写：环形真空室，磁场线圈。1968年，即大约在日内瓦大会后10年，召开了另一次大型聚变研究大会，这次是在新西伯利亚的西伯利亚镇。所发表的苏联的托卡马克的最新实验结果是如此使人印象深刻，以至于不久后，多数国家就将各自的研究重点转移到这一研究途径上来。第9章将继续讲解有关过程。

第 6 章

氢 弹

6.1 背 景

化学元素铀和钚的某些同位素的原子核非常接近于不稳定态，因此当受到中子轰击时会分裂成几片并释出能量。由于每个分裂出来的原子核又会放出一些中子，这些中子会引发进一步的核反应，造成链式反应。如果一块铀或钚的质量超过一个临界值（大约是几千克），这个数值小于一个葡萄柚的质量，就会引起爆炸。为了引发这种爆炸，需要将具有亚*临界质量*的两块铀或钚通过点燃火药将其快速合并，或使用常规的炸药爆炸将球形亚临界铀或钚块快速压缩，使其超过临界质量。二战期间，在新墨西哥州的洛斯阿拉莫斯，美国在极其秘密的状态下研制了第一颗原子弹。并于1945年7月，试爆了第一颗试验弹，其爆炸力约相当于21 000吨烈性炸药。几天后，类似大小的两颗原子弹被投到日本的广岛和长崎。

用于原子弹的裂变材料的生产是非常困难和价格昂贵的，需要巨大而复杂的工业设施。天然铀中仅有不到1%的同位素即^{235}U是可爆炸的，要将它们从丰富得多的^{238}U中分离出来非常困难。钚元素在自然界根本不存在，必须在裂变堆中人工制备，并将其从具有高度放射性的废料中萃取出来。此外，原子弹的大小受到限制，因为每一部分的质量都必须小于临界质量。聚变没有质量大小方面的限制，因此可以造成更大的炸弹。而且，聚变的燃料即氘的储量要丰富得多，又容易分离。

早在1941年，物理学家恩里科·费米在芝加哥建立第一个裂变反应堆之前，也就是他在与爱德华·泰勒（Edward Teller）的谈话中猜测，如果将一个裂变炸弹在氘中爆炸来引发聚变反应，就可以做成更有威力的武器。这就是*氢弹*，或*H-弹*。但直到战争结束，这个思想没有被认真地进行研究。早先在洛斯阿拉莫斯工作的许多科学家也已返回到各自的科学研究领域。原先领导原子弹研制的罗伯特·奥本海默（Robert Oppenheimer）也辞去了核武器实验室主任之职，就任普林斯顿高等研究所的所长，后来这一职位又被诺里斯·勃伦德累（Norris Bradbury）继任。爱德华·泰勒（见图6.1）则在经过一段简短的学术生涯后，再次回到洛斯阿拉莫斯，他成为氢弹研究的主要推动者，他提出了被称为*"超经典"*的氢弹设计概念。

但是在美国，关于研制氢弹是否正当的问题，科学家的内心存在激烈的斗争。1949年，两位著名的物理学家和诺贝尔奖获得者，恩里科·费米和依萨多·拉比（Isidor Rabi）向原子能委员会写了一封信，信中说：

"氢弹这种武器已经远远超越任何军事目的，它已经是一种必然会对环境造成巨大破坏的武器。显然，应用这类武器是没有任何伦理基础的，因为即使是敌对国家的居民，也有自身的人格和尊严。这类武器的破坏性是无限的，因此存在这类武器和制造这类武器的知识本身对全人类都是一个危险。任何试图获得这种武器的观念都是邪恶的。"

但是，这方面的争辩由于苏联在1950年的出人意料的试验第一颗裂变炸弹而突然终止了。因怀疑东德间谍克劳斯·福克斯（Klaus Fuchs）已将美国氢弹研究的情报提供给苏联，哈里·杜鲁门（Harry Truman）总统立即命令尽快对超经典武器进行研制。但实际上没有人知道如何去做这件事，所以人们不禁担心，杜鲁门总统的声明会不会反而鼓励苏联加快他们的氢弹研制努力，更严重的是，苏联科学家也许已经知道如何去制造氢弹。

图 6.1 爱德华·泰勒（Edward Teller）（1908—2003 年）

泰勒生于布达佩斯，1935 年移民美国。除了建议研制氢弹外，他也是美国“星球大战”军事计划的狂热鼓吹者

6.2 问 题

显然研制聚变武器的难度要比研制裂变武器大得多。它需要将聚变燃料快速加热到高温以使聚变反应能够进行并且达到一定的条件，使这种反应能够象火焰燃遍燃料那样在聚变材料中扩展开来。大家都认为，要做到这一点，必须使用裂变炸弹，利用它产生的巨大能量去点燃聚变燃料。开始大家希望将裂变炸弹放在聚变燃料近傍，因而裂变炸弹的爆炸热可以立即触发聚变反应。但理论计算表明，这样做是不行的。裂变炸弹产生的冲击波会在将聚变燃料加热到高温并产生聚变反应以前就将聚变燃料炸飞。这个问题有点像在狂风中用火柴去点燃一根雪茄烟。

在获得聚变燃料方面也有一些困难问题。氘和氚的混合燃料是最容易点燃的，但氚并不是天然存在的元素，必须在反应堆中制备。一个用氘氚燃料制造的聚变炸弹，如果要使其爆炸当量达到 1 000 万吨 TNT，就需要几百千克氚。氢弹的粗略尺寸可以用固态氘的密度来估算：大概相当于直径为 1 米的球。也可以用较少量的氘和氚来增强裂变炸弹，或点燃聚变反应。但是，若想置备一定数量的纯氘氚氢弹，要得到所需的氚将是一项极其宏大的工程——即使是正在进行的制备钚的工程与之相比也显得渺小——而且所需经费也无法承受。因此研究工作的重点放到了在纯氘或者氘锂混合体中点燃爆炸上面，实际上这是一项更困难的任务。在燃料燃烧时产生的中子可以使锂就地转化为氚。

泰勒的原始想法是在一个装有液态氘的圆柱体的一端爆炸一个小型裂变炸弹。基本原理是：裂变炸弹可以将聚变燃料加热到足够程度，在氘中点燃聚变反应。一种改进方法是在氘中混合少量的氚从而使点燃变得更容易。如果这样做获得成功，那么原则上爆炸的强度就没有限制了，只要将圆柱体做得更长，爆炸强度就随之加大。但是，另一位利弗莫尔的科学家斯太尼斯拉夫·乌拉姆（Stanislaw Ulam）通过计算，对这种方案的可行性表示怀疑。他认为，需要有足够数量的氚，但数量之大实际上是无法达到的。1950年晚些时候，泰勒又设想了好几个新方案，但没有一个方案是真正有希望的。

1951年初，乌拉姆做出了一个重要的概念突破，然后泰勒很快改进了他的想法。这个想法后来称为*辐射聚爆方法*，这个方法实际上在1946年被克劳斯·福克斯探索过，这是在他因出卖原子秘密给苏联而被捕以前的事情。裂变产生的能量中大部分以X射线的形式离开裂变触发体，这些射线以光速传播，几乎即时到达附近的聚变燃料，因为爆震波是以声速传播的，在被裂变爆炸产生的爆震波震散以前就可以使聚变燃料压缩和点燃。这有点类似于先看到闪电的光然后才听到打雷的声音，两者之间有一定的延迟，在氢弹中距离非常小，因此这种延迟仅仅约为百万之一秒的时间。另一要点是：由裂变炸弹发出的辐射强度必须在聚变燃料达到高温前压缩。要知道，压缩一种冷气体是比较容易的，但压缩灼热的气体是很困难的！

后来将压缩聚变燃料的技术称为*泰勒－乌拉姆位形*，图6.2是它的示意图。1989年，美国氢弹研制的开发历史开始部分解密，所以人们已了解其基本原理，虽然许多技术细节仍然保密。现在，关于氢弹的知识已经刊载于不列颠百科全书中。和其他重大科技成就一样，一旦人们知道它是可以做出来的，就会比较容易地想出将它做成功的方法。

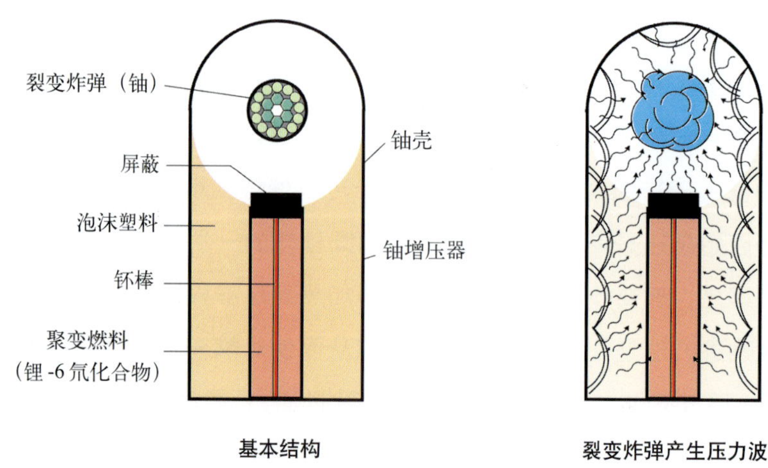

图 6.2　氢弹各组成部分示意图

首先用烈性炸药引爆裂变炸弹。这种爆炸被限制于特制重金属室内。裂变炸弹产生的辐射使聚变燃料产生聚爆和加热，最后使氢弹爆炸

裂变触发器放在圆柱形容器的一端，容器的其他部分充满聚变燃料。可以设想聚变燃料是中心放置有一根钚棒的圆柱状物体，其外部再用一层由高密度材料（一般是天然铀或钨）包围起来。裂变炸弹产生的 X 射线辐射向下传播到外壳和聚变圆柱体之间的空隙区，它是由泡沫塑料充填的，在辐射的作用下这些泡沫塑料立即变成气体，然后变成等离子体，它对 X 射线是透明的，因此圆柱壳体的内表面和高密度材料的外表面迅速被加热到高温。当该层的外表面材料变成气体，就会对内部聚变燃料施加很大的压力——作用原理有点像反冲火箭引擎。

比大气压高几百万倍的高压是在极短的时间内产生的，聚变燃料被压缩到极高密度——约为正常密度的 300 倍。仔细想想，用足以摧毁一座城市的裂变炸弹来触发仅仅几千克聚变燃料，真是令人惊叹！裂变炸弹引起的压缩和所产生的大量中子使放在聚变燃料中部钚棒超过临界质量从而引发爆炸——相当于一个二级裂变炸弹。这次爆炸又对早已被压缩的聚变燃料进行加热，使其产生聚变反应。一旦聚变反应被点燃，聚变燃烧将向外扩展并达到极高的温度——最高到 3 亿摄氏度，于是聚变燃料整体燃烧起来。不过，最新的改进设计建议取消这个钚"火花塞"。

第一次热核炸弹的试验，代号为依凡－迈克（Ivy-Mike），于1952年11月在太平洋上的恩尼威托克·爱多尔岛区域（Eniwetok Atoll）进行，爆炸当量为1 000万吨（见图6.3）。估计只有四分之一的能量来自聚变反应，其他部分来自很重的铀壳中引发的裂变反应。这实际上是一次关于压缩方案的原理性试验，而不是真实的用于战争的武器试验。所用的聚变燃料是液态氘，因此它被装在一个高真空冷冻容器内。外面要用巨大的铀和钢制的壳层包围起来。整个装置重达80吨，这个重量很难用飞机运载，也很难用导弹发射。

为了制造更紧凑的武器，后来研发了一种新的氢弹，它采用固态聚变燃料*氘化锂*。在这种氢弹中，氚是在中子轰击锂使其发生核反应的过程中产生的，主要的聚变反应是氘与锂之间的反应。氘化锂是氘和锂的一种化合物，在室温下是固体，因此避免了采用复杂的冷冻系统。美国于1954年春对这种武器概念进行了试验，得到的爆炸当量是1 500万吨。

图6.3　1952年11月在恩尼威托克·爱多尔岛区域（Eniwetok Atoll）试验的第一颗氢弹爆炸时的照片

6.3 “苏式蛋糕”的故事

早在20世纪40年代晚期，苏联人也在开始考虑研制聚变武器，和美国人一样，他们也认为用液态氘引发爆炸是很困难的。苏联的第一个氢弹试验是在1953年进行的，该氢弹是用多层氘化锂和铀制造的，将这些材料包在中心的一个裂变炸弹上。这种设计是由安德烈·萨哈罗夫（Andrei Sakharov）（见图6.4）提出的，被称为“*斯劳衣卡*”，即一种苏式多层蛋糕。基本原理是将爆炸中心与重外壳之间的聚变燃料压缩。泰勒也提出过类似的思想，并称其为“闹钟”。这实际上算不上是一种氢弹，因为主要的能量是裂变产生的，而且大小受到限制，爆炸当量在1百万吨以下。

图6.4 安德烈·萨哈罗夫（Andrei Sakharov）（1921—1989年）

萨哈罗夫对核聚变研究有很多贡献。他与伊戈尔·塔姆（Igor Tamm）一道被誉为托卡马克的发明人。1968年以前，他曾对苏联的原子武器计划做出过巨大贡献。该年，他发表了那本著名的小册子《进步、和平共处与知识自由》。1975年曾被授予“诺贝尔和平奖”。不过，苏联政府因他持有不同政见而不让他去领奖

安德烈·萨哈罗夫也是分阶段辐射内爆设计思想的发明者，这是与泰勒-乌拉姆位形类似的思想。该发明引导了1955年11月苏联第一颗真正的氢弹试验。人们认为，后来发展的一系列热核武器，包括其他国家开发出来的热核武器，其基本思想与泰勒-乌拉姆位形的原理相似，我们已经对有关基本原理进行了介绍，当然，很多细节是受到保密限制的。

第 7 章

惯性约束聚变

7.1 微爆炸

通向受控聚变能的惯性约束途径的基本原理与氢弹相同：燃料被飞快地压缩并加热以致于在其有时间飞散之前已达到聚变和燃烧的条件。燃料的惯性让其不得逃逸——由此而获得*惯性约束聚变*（ICF）之名。

当然，燃料的量必须远小于氢弹中的用量以使每次“爆炸”释放的能量不损坏周围设施。燃料的量也受到其被很快加热所需的能量的限制。这些考虑导致了每次“微爆炸”所产生的典型能量值约为几亿焦耳。用我们更熟悉的话来讲，10千克汽油包含的能量为4 000万焦耳，因此每个微爆炸等于燃烧约10千克汽油。由于聚变燃料含的能量很高，燃烧几毫克的氘氚混合体就可产生这么多的能量。该混合体为固态，即一个半径为几毫米的弹丸，或称*靶丸*。惯性聚变电站有一个反应室，这些微爆炸就在其中重复发生以产生稳定的能量输出。在一定的意义上，这很像由汽油的微爆炸带动的汽车发动机。主要的流程如图7.1所示。

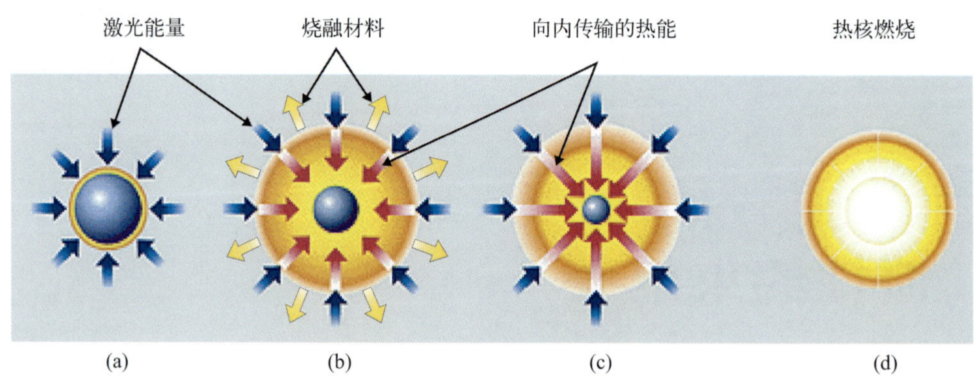

图 7.1 惯性约束靶丸中聚变反应的四个阶段

(a)激光加热外层；(b) 烧融的外层压缩靶丸；(c)芯部达到点火密度和温度；(d)聚变很快烧遍压缩燃料

第 4 章中讨论过的由聚变释放能量的条件本质上对惯性约束和对磁约束是一样的。其概要重述如下：为了让聚变反应发生得足够快，温度要求达到约 2 亿摄氏度；为了获得净能量，燃料的密度与约束时间的乘积必须大于每立方米 10^{21} 个核子 · 秒。在磁约束中，相关的时间是秒的量级，而等离子体密度是每立方米 10^{20}～10^{21} 个核子，远比空气稀薄。在惯性约束聚变中，相应的时间为十分之几毫微秒，而等离子体密度必须达到每立方米 10^{31} 个核子，远比铅的密度大。点火这个词在磁约束和惯性约束两者中都使用，但意思不一样。磁约束的目的是达到稳态条件。当阿尔法粒子加热足以维持等离子体于一个稳态温度时，就产生点火。惯性约束聚变天生是脉冲的，当燃料靶开始由中心的热斑向外燃烧时就产生点火。用靶丸的半径与密度之乘积来表达惯性约束的点火条件是方便的。知道等离子体的温度，我们就可以计算靶丸的膨胀速度从而将在经典判据中的时间转换为半径（见附注 7.1）。半径和密度的乘积的极小值依赖于输出的聚变能转换为有效地加热靶丸的热能的效率。为达到所要求的值，必须将固体燃料压缩到很高的密度（见附注 7.2）。

一般而言，固体和液体被认为是不可压缩的。它们也可被压缩的想法超出了我们的日常经验，但是，如果靶丸上的压强足够高，这是可行的。实验结果表明，压缩氘靶，使其密度提高 1 000 倍是可能的。

压缩一个靶丸的关键是强烈加热其表面，让其很快蒸发（或*消融*）（见图7.2）。从表面喷出的气体就像由火箭发动机喷出的气体一样，会对靶丸施加很大的力。

附注 7.1

惯性约束条件

ICF必须的条件由以下要求决定，即一个脉冲所产生的聚变能要超过将燃料加热到点火温度所消耗的能量。每次脉冲之后，聚变能（每个反应 17.6 MeV）被引出并转化为电能，其中一部分能量必须用来加热燃料以产生下一次脉冲。为达到能量得失相当，与附注 4.3 中一样，T 以 keV 为单位，

$$\frac{1}{4}n^2\,\overline{\sigma v}\,17.6\times10^3\,k\varepsilon\tau > 3nkT$$

$$n\tau > 6.82\times10^{-4}\,(T/\overline{\sigma v})\varepsilon^{-1}\ \mathrm{m^{-3}\,s}$$

注意 τ 是脉冲长度（靶丸燃烧时间）而 ε 是聚变热能转化为有效靶丸热的总效率。这是约翰 · 劳逊在 20 世纪 60 年代导出的表达式——他当时考虑的是脉冲磁约束聚变，因此，他假设所有的聚变能将以 $\varepsilon\approx0.33$ 由热能转换为电能，并用来为下一个脉冲进行欧姆加热。当 $T\approx30$ keV 时，这就给出了著名的表达式 $n\tau>1\times10^{20}\,\mathrm{m^{-3}\,s}$。但是，对 ICF，因为需要把热能转化为电能和将电能转化为驱动器的能量，然后再将驱动器的能量耦合成燃料的有效加热，所以 $\varepsilon\ll0.33$。

一个 ICF 的燃料靶开始时被压缩到半径 r（见附注 7.2），然后被加热达到聚变的密度和温度。再后，开始燃烧并在径向膨胀。靶丸膨胀时，等离子体密度（$n\propto1/r^3$）和聚变功率（$P_\mathrm{F}\propto n^2$）很快下降。我们假设，当其半径膨胀 25% 时，靶丸停止燃烧，所以 $\tau\approx r/4v_\mathrm{i}$。靶丸的膨胀速度由离子决定（电子被重的离子拉住），而 $v_\mathrm{i}=2\times10^5T^{0.5}$ m/s（对 50 : 50 的氘氚混合体），这样

$$nr > 545(T^{1.5}/\overline{\sigma v})\varepsilon^{-1}\ \mathrm{m^{-2}}$$

$T\approx20$ keV 时为最佳值，此时，$T^{1.5}/\overline{\sigma v}\approx2.1\times10^{23}\ \mathrm{keV^{1.5}\,m^{-3}\,s}$，而且

$$nr > 1.15\times10^{26}\varepsilon^{-1}\ \mathrm{m^{-2}}$$

这个表达式可用质量密度 $\rho=n\times4.18\times10^{-27}\,\mathrm{kg\,m^{-3}}$ 表示。这样，

$$\rho r > 0.48\varepsilon^{-1}\,\mathrm{kg\,m^{-2}}\ (\text{或 } 0.048\,\varepsilon^{-1}\,\mathrm{g\,cm^{-2}})$$

这是能量得失相当条件（输出的聚变能仅够加热下一个靶丸）。一个聚变电站必须产生净功率输出。因此，如同附注 11.3 中所述，条件将更加苛刻。

附注 7.2 **靶丸压缩**

如果靶丸在压缩之前的半径为 r_0，在点火之前被压缩到 c 分之一，$r=r_0/c$，则压缩后的粒子密度为 $n=c^3 n_0$，而质量密度为 $\rho=c^3\rho_0$，采用附注 7.1 中的结果，取 $\rho_0\approx 300\ \mathrm{kg\ m^{-3}}$ 作为未压缩的固态氘和氚的混合体的密度，r_0 用毫米表示，ε 为百分数，则最小压缩条件是

$$c^2>160\,(r_0\varepsilon)^{-1}$$

例如，压缩前半径为 1 mm 的靶丸和 1% 的转换效率将要求 $c=13$ 的压缩才能达到能量得失相当。显然，我们期望提高转换效率，但这受到驱动器技术的限制。

靶丸的最大尺寸由电站能安全地承受的最大爆炸力限定。燃烧压缩前半径为 r_0(以毫米为单位)的靶丸所释放的聚变能为 $4.25\times10^8\,r_0^3\ \mathrm{J}=0.425\,r_0^3\ \mathrm{GJ}$。半径为 1 mm 的 DT 靶等效于 10 kg 的烈性炸药。

在此附注和附注 7.1 中，计算有很大的简化。在理想情况下，只有压缩后的靶丸芯部需要被加热到点火温度，而且，一旦芯部实现点火，聚变反应就会很快传遍被压缩燃料的其余部分。这可减少加热靶丸所需的能量，但是，压缩所需的能量和不完全燃烧也必须考虑在内。压缩后，靶丸的行为是用先进的数字计算机模型来计算的。

在极短的瞬间，靶丸压缩时的推力是航天飞机发射装置的 100 倍。如果只在靶丸表面的一边加热，则蒸发气体的力将会在相反方向加速靶丸，就像一枚火箭。但是，如果从各方向均匀加热一个靶丸，则这些力将产生约 1 亿个大气压的压力并压缩该靶丸。

7.2 激光器

直到 20 世纪 60 年代初，似乎也没有足够大的功率源能够以可控的方式产

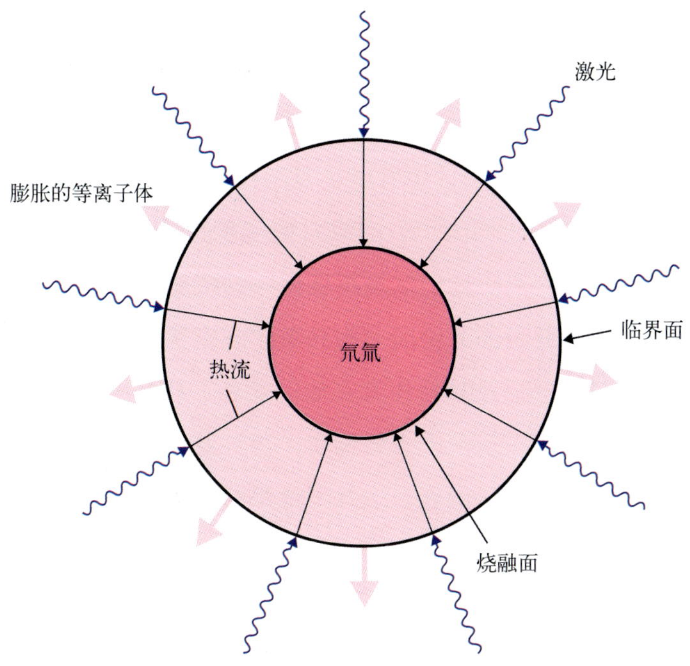

图 7.2　激光产生惯性约束聚变的原理图

入射激光光线引起的靶丸烧融产生向外膨胀的等离子体，它在相反方向产生一个力，从而压缩靶丸。激光光线不能穿透到称为*临界面*的后面的稠密等离子体区域。接近该临界面，激光能量被吸收并通过热传导被带到烧融面

生惯性约束聚变。激光器的发展提供了一种足够快地压缩和加热靶丸的方法。激光器是一种极强的光源，其发出的光可被聚集于一个斑点并照射一段合适的时间来压缩和加热靶丸。激光的原理（见附注 7.3）是亚瑟 · 斯卡洛（Arthur Schalow）和查尔斯 · 道恩斯（Charles Townes）两人于 1958 年在贝尔电话实验室提出的，而第一个可用激光器是西尔多 · 玛意茂（Theodore Maimon）在 1960 年建造的。这恰巧是磁约束聚变面临某种僵局的时期，结果激光爱好者们看到了走向聚变的一条替代途径。早在 1963 年，尼古拉 · 巴索夫（Nicolai Basov）（见图 7.5）和亚历山大 · 普洛哈洛夫（Alexandr Prokhorov）就在莫斯科的列别捷夫研究所（Lebedev Institute）提出了用激光照射一个小靶子来达到聚变的想法。一些激光物理学家认为他们可以在和磁约束的竞赛中取胜，率先达到*得失相当*，即产生的能量等于初始加热能量。

早期获得的激光的能量太小，但激光技术发展很快，而且合适的激光似乎很有可能很快就可利用。莫斯科的巴索夫和他的同事们曾在1968年报导过在激光辐照下从一个平板靶产生热核中子。而法国的里梅（Limei）小组也在1970年展示了确实的中子产额。在氢弹设计中发展了专门技术，包括可以通过计算机来计算燃料的压缩和加热过程的详细的理论模型。像早年的磁约束和核武器的这种紧密关联使得大部分惯性约束研究仍然是高度保守的机密。1972年，某些详情被公布，当时，加利福尼亚州的劳伦斯・利弗莫尔国家实验室的约翰・拿库尔斯（John Nuckolls）（见图7.6）及其合作者在他们发表于科学杂志《自然》的划时代论文中概述了一些原理。乐观人士曾预言，惯性约束聚变在若干年内即可实现。但不久之后人们清楚地认识到，这并不是那么容易。

附注 7.3 **激光原理**

一个激光器（见图7.3）产生确定波长的相干光，所有的光子同相位。为了产生激光，必须要有一种合适的介质，在该介质中，分子或原子可被激发至高于基态的*亚稳定态*。原子通常由一个*闪光管*激发，后者在通电后会辐射强烈的非相干闪光。来自闪光管的某些光子具有激发激光器中的原子所需的波长。在积累了足够多的被激发到亚稳定态的原子之后，这些原子可能通过称之为*受激发射*的过程同时衰变。辐射出来的相同波长的一个光子会引起另一个被激原子衰变而产生一个次级光子，由此引起雪崩过程。辐射光子与触发辐射的光子同相位并且在同一方向传播。在发射激光的激光器介质的两端置有镜子，所以每

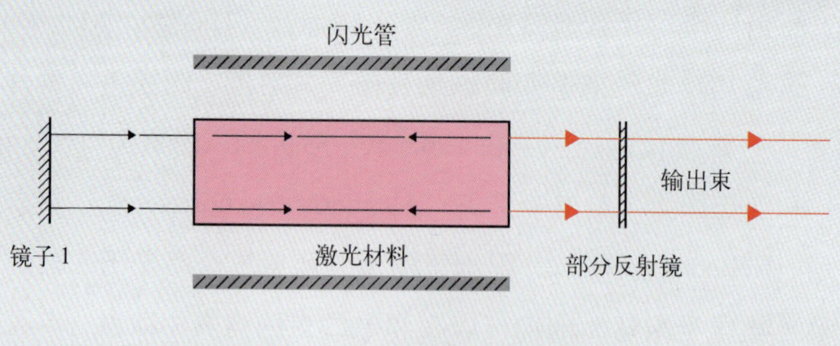

图7.3 简单激光系统示意图

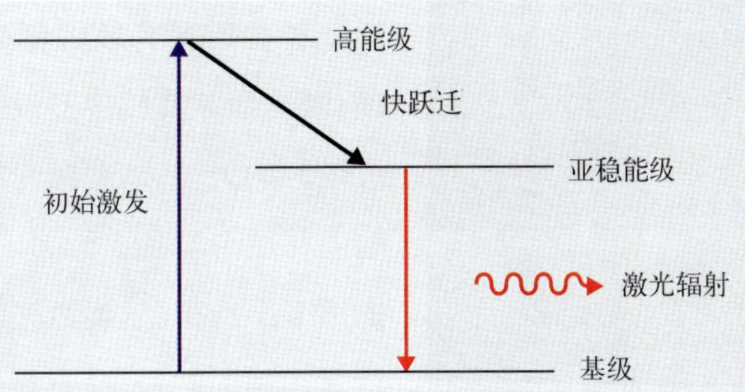

图 7.4　通过两级过程产生发射的原子能级

激发到高能级，继而快速衰变到一个亚稳能级，为受激光辐射创造条件

个光子都被来回反射，使所有受激原子都在纳秒的时间间隔内衰变。镜子构成一个与所需波长激光共振的光学腔，共振波长可通过调整镜间的距离来调节。

适用的可以产生亚稳激发态的激光介质包括固体、液体、气体和等离子体。通常亚稳态激发是一个两阶段过程，即原子先被激发到一个较高能态，然后再衰变到该亚稳态（见图 7.4）。激光的相干光，可以被聚焦到很小的点上，从而产生很高的功率密度。早期的激光器倾向于红光和红外光波长激光，但是，已经发现了能产生可见光，紫外光甚至 X 射线波长激光的介质。同时，采用特殊的，有非线性特性的材料，有可能将激光的频率提高 2 倍或 3 倍。这对 ICF 特别重要，因其可将钕激光（1.053 μm）转换到压缩效果更高的频段（0.351 μm）。

图 7.5　尼古拉・巴索夫（Nicolai Basov）（1922—2001 年）

因其在量子电子学领域的成就而与查尔斯・道恩斯（Charles Townes）和亚历山大・普洛哈洛夫（Alexandr Prokhorov）于 1964 年获得诺贝尔奖，他们的工作导致激光的发现。巴索夫领导了苏联的惯性约束聚变计划许多年

从早年至今，压缩和加热一个聚变靶丸所需的激光能量的估算值已经翻了好几番，而目前的计算表明至少需要100万焦耳。这要求非常先进的激光器，目前可用的最合适的激光器采

图 7.6 约翰·拿库尔斯（John Nuckolls）

拿库尔斯生于 1931 年，他是 1972 年发表的关于惯性约束聚变的标志性论文的第一作者和美国惯性约束聚变（ICF）的强力支持者。从 1988—1994 年，他担任劳伦斯·利弗莫尔国家实验室主任

用一种含有称为钕的稀有元素的特种玻璃。激光器及其相应的设备充满了比飞机库还大的大楼，这些激光包含很多可同时触发并被均匀地聚焦到一个小的聚变靶上的很多平行束。这类激光的一个典型例子就是在美国的劳伦斯·利弗莫尔国家实验室的诺瓦（NOVA）装置（见图 7.7）。

NOVA 有 10 束光在 1984 年投入运行。在持续 1 纳秒（10^{-9} 秒）的闪光中，能产生高达 100 000（10^5 秒）焦耳的能量（见图 7.8）。在如此短的瞬间，其输出功率等效于美国的全部发电厂的总输出的 200 倍。目前，在美国运行的功率最大的激光器是在罗彻斯特大学的欧米迦（OMEGA）装置。俄罗斯的列别捷夫

图 7.7 劳伦斯·利弗莫尔国家实验室的 NOVA 装置

中心的球是靶室，大的管道里有引导多束激光的光学系统

研究所、日本的大阪大学、法国的里梅和世界的其他实验室也发展了大激光器。技术精湛的、能量为现有装置的十多倍的激光器（见图 7.9）正在美国的利弗莫尔（Livermore）和法国的波尔多（Bordeaux）建造（见 7.4 节）。

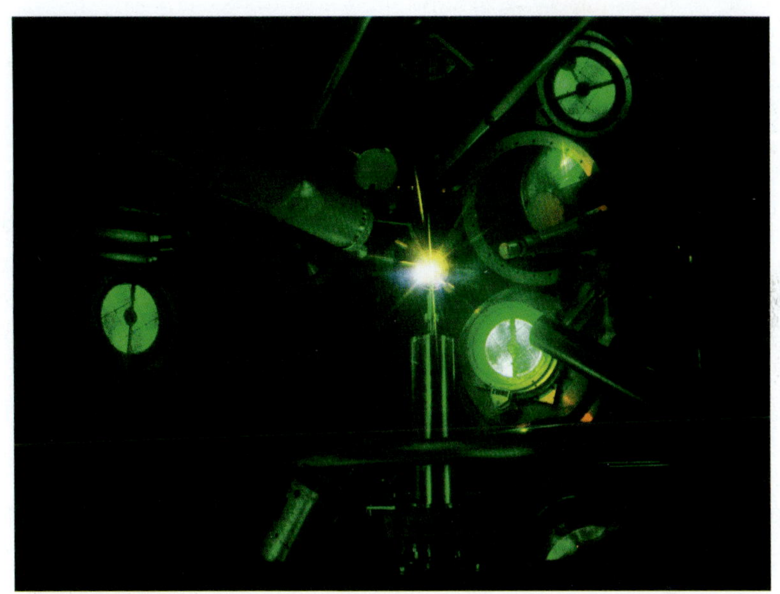

图 7.8　当一个实验靶丸被激光束压缩和加热时，在 NOVA 的激光靶室中产生的微型星

一个钕玻璃激光器可以在远红外光谱区，在人类的肉眼能看到的可见光区之外产生很强的光脉冲。但是，这样的波长对压缩靶丸并不理想。当靶丸的表面蒸发时，形成高密度的等离子体并将靶丸的内区屏蔽，而短波长光，光谱的紫外部分能够穿透更深些。为了发挥其深度透入的优势，钕玻璃激光的波长通过特殊的光学元件从红外移到紫外，但有一部分能量要在该过程中损失掉。为了直接在优化的紫外谱区工作，其他类型的激光器，例如采用氟化氪气体的激光器也在发展中。但是，目前其功率要比钕激光器小。

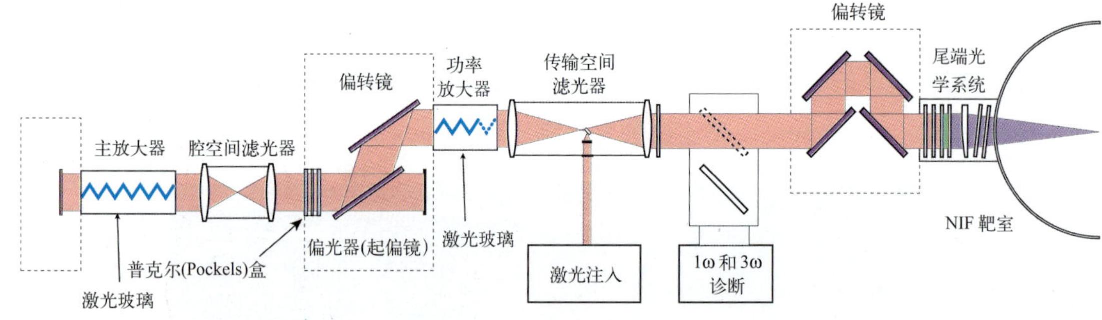

图 7.9 建在劳伦斯·利弗莫尔国家实验室的国家点火装置（NIF）的一个放大器的示意图

主放大器有 11 片大块钕玻璃，功率放大器由 5 个闪光管阵列泵浦（这里未画出）。激光光线从一个中央振荡器进来，通过主放大器 5 次，穿过功率放大器 2 次，然后进入靶室。由激光器出来的红外光在进入靶室之前在尾端光学系统中转换为紫外光。为满足 1.8 兆焦耳的要求，NIF 将有 192 个这样的并行放大器

用这种方法压缩靶丸的固有问题之一是，在达到聚变条件之前，靶丸就会形变并飞散。这种被称为*不稳定性*的形变是所有流体和等离子体的一种共同特性。影响压缩靶丸的一种特殊的不稳定性（称为*瑞利-泰勒不稳定性*）很多年前由英国的物理学家瑞利勋爵（Lorol Rayleigh）在一般流体中发现。这种不稳定性发生在密度不同的两种流体的界面，如果将一层水小心地浮于像油一样比其密度小的流体之上，则可观察到这种不稳定性。一旦水和油之间的界面受到一点微小的扰动，该界面就变得不稳定，两种流体就会交换位置从而使较轻的油浮在较重的水之上。类似的效应会引起压缩靶丸形变，除非其表面被非常均匀地加热。人们希望有比 1% 更好的均匀度，这将需要很多分列的激光束。

1975年前后利弗莫尔国家实验室提出了一种获取高功率均匀度的精致方法。但很多年之后，其细节仍然是保密的。靶丸被支撑在一个典型截面几厘米的像金一样的重金属圆柱中，如图 7.10。这个圆柱一般称为*空腔*（hohlraum），是德语的“腔体”。激光束通过孔被聚焦到腔体内表面而不是直接聚焦到靶丸上。强激光能使该腔体的内表面蒸发，产生稠密的金属等离子体。激光能量转化为 X 射线，X 射线在腔体内反射，被吸收和重新辐射很多次，就像光线在所有墙壁都用镜子盖住的房间里一样。反射的 X 射线从各个方向撞击靶丸很多次，将初始激光束的任何不规整性均匀化。X 射线能比长波光更深地透入被加热的靶丸周

围的等离子体，故能量耦合更有效。在转换中要损失一部分能量，但较高的加热均匀度补偿了它。这一途径被称为*间接驱动*，以区别于将激光束直接聚焦在靶丸上的直接驱动方式。两种途径都在惯性约束实验中开展研究（见图 7.11）。

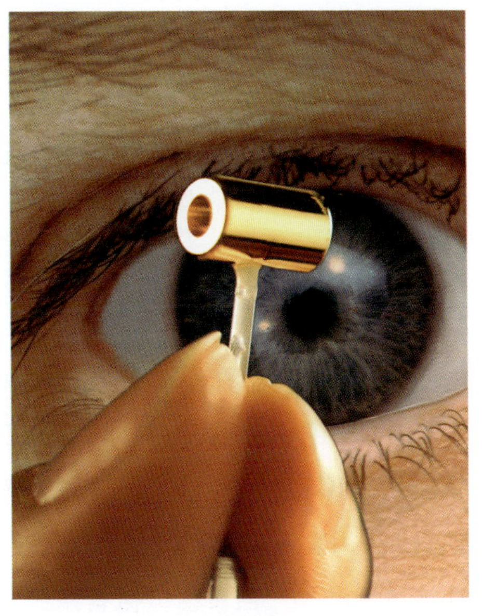

图 7.10　间接驱动实验中采用的一个实验腔或*空腔*

强激光光线通过孔照入该腔并和壁相互作用而产生X射线。这些X射线加热靶丸，引起烧融、压缩和加热

靶丸本身的设计（见附注 7.4）是与惯性约束过程同等重要的部分。典型的靶丸是由充满氘和氚的塑料或玻璃球构成，更复杂的靶丸采用不同材料的多层结构以期使消融和压缩过程更加有效。

避免在压缩阶段的早期过分加热靶丸的芯部是非常重要的，因为压缩热等离子体将需要更多的能量。一旦靶丸的芯部开始燃烧，聚变反应产生的能量将

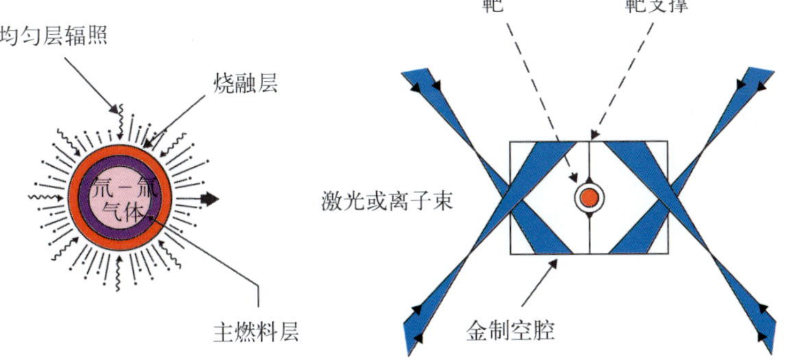

图 7.11　直接和间接驱动原理的比较

均匀辐照在直接驱动情况下源自很多激光束，而在间接驱动情况下来自空腔壁上产生的X射线。两种情况下，靶的尺寸类似，但直接驱动的靶子被放大了以显示其典型结构

加热靶丸的其余部分从而使聚变反应向外扩散。利弗莫尔的马克斯·塔巴克（Max Tabak）提出了一个更完善的计划，在其被压缩之后，用一束超快的激光加热和点燃芯部。这种被称为*快点火*（见附注7.5）的技术可能会降低对驱动器总能量的要求。

7.3 其他驱动器

现今在ICF研究中最先进的大钕玻璃激光器的效率很低，一般而言，只有不到1%的电能转换为紫外光，而且在空腔中产生X射线时还有另外的损失。一个商用的ICF电站要求高得多的效率（见第11章），不然其输出将全部进入驱动器。采用发光二极管代替闪光管来产生固体激光将提高效率并容许电站所需的快速起动——但目前二极管系统非常昂贵，所以要求价格必须大幅度降低。也可以发展其他类型的激光，同时研究者们也正寻找其他采用高能量离子束和强X射线脉冲的替代驱动器。

由于可以高效率地产生压缩和加热一个靶丸所需能量区内的离子，像锂之类的低质量离子束作为驱动器是有吸引力的。桑地亚（Sandia）国家实验室已开发了加速和聚焦轻离子束的系统，但要达到适用的聚焦也是困难的，而且ICF驱动器所要求的功率也还没有达到。另一个难点是，聚焦单元必须离靶子很近，而为了承受聚变微爆炸的影响，这些单元至少应在几米之外。

附注7.4 靶丸设计

通常，ICF的靶丸是一个充有低密度（<1.0 mg cm^{-3}）氘氚DT气体的球壳，如图7.1(a)。外层一般是一个塑料壳，为一个烧蚀体，冻结的DT内层是主燃料。驱动器的能量很快沉积在烧蚀层，使其温度上升并蒸发。当烧蚀体向外蒸发时，由于动量守恒，壳的其余部分被向内压。靶丸的行为就像一个球形烧融驱动的火箭。采用激光脉冲进行压缩，激光的时序要仔细控制，开始时强度低，然后逐步升高并达到最大。与同样质量但更厚的壳相比，容积较大的薄而大的壳可被加速到更高的速度。但是，靶半径与壳厚度之比的最大容许值受到瑞利-泰勒

不稳定性的限制。内爆速度的峰值决定点火所需的最小能量和聚变燃料量。靶丸表面的光洁度和均匀度是决定可达到的最大压缩率的重要因素。典型的表面粗糙度必须小于100纳米（10^{-7} m）。

为国家点火装置（NIF）设计的参考靶是一个直径为2.22 mm的靶丸，外壳为塑料消融体，DT燃料固化在塑料壳的内壁上，中心充满3×10^{-4} g cm^{-3}的DT气体，与该低温层的蒸气压强一致。预计该靶子将以4×10^{7} cm s^{-1}的速度内爆而达到峰值燃料密度1.2 kg cm^{-3}，对应于ρr =1.5 g cm^{-2}。

在其最终压缩态，燃料的压强将达到2 000亿大气压（200 Gbar）并理想地由两个区域组成：包含2%～5%的燃料的中心热斑和一个较冷的包含其余质量的主燃料区。点火在中心区发生，热核燃烧向外传播到主燃料中。有人还研究过附一金制内壳的双壳靶丸，但至今结果并没有预期的好。

像氙、铯和铋之类的重离子束也在被研究作为驱动器。重离子需要被加速到比轻离子高得多的能量，约为10 000兆电子伏（MeV），但束流却要小得多，而且易被聚焦到小斑点上。但是，要求的束流仍然比现有的高能加速器中所能达到的要高好几个数量级。ICF的重离子途径非常有趣且前景看好，但基础物理和技术的验证也要求建造很大的加速器。

附注7.5

快点火

传统的惯性约束用同一组激光压缩和加热靶丸。快点火用一组激光压缩等离子体，然后用很强的快脉冲激光加热压缩后的靶芯。将压缩和加热分为两个不同的阶段可减小对总的驱动能量的要求。

激光光线不能穿透压缩靶芯周围的稠密等离子体，快点火的关键是很强的短脉冲激光可能会透进去。聚焦到很小的斑点上的高达10^{18}～10^{21} W cm^{-2}的激光光线可以产生具有极高能量的、运动速度接近光速的超高能电子束的相对论等离子体，这些电子束事实上可与激光束一起传播。这里的基本想法是，相对论电子束会在压缩燃料中打开一条通道而加热芯部到点火。当激光束被聚焦到靶箔上时，会产生相对论电子束，但不稳定性可能会破坏这样的束而阻止其到达压缩靶丸的芯。这是当前实验和理论研究的一个热门领域。

有人提出了绕过这一问题的一种精巧的方法。将一个小锥形物插到聚变靶丸中以保证在压缩过程中有一个没有等离子体的通道，快点火激光脉冲则可沿此走廊而达到压缩燃料的中心。这一想法已经于2001年由一个日本/英国研究小组成功地验证过，他们用日本大阪大学的Gekko Ⅻ激光压缩一个靶丸并用100*太瓦*（10^{14} W）的快激光加热它。要达到能量得失相当，至少需要10倍功率，即在*皮瓦*（10^{15} W）范围的快激光器。有几个实验室正在研制这种激光器，如果研制成功，快点火将可能会成为NIF和激光兆焦耳（LMJ）装置的一种选项。

为研究轻离子束而建造的桑地亚国家实验室*Z装置*正在试验一种不同的位形，由细钨丝阵列的超快箍缩放电产生的X射线爆发有可能驱动ICF。储存在大电容器组中的电能在微秒脉冲中释放出来并产生2 000万安培的电流（见图7.12）。金属丝蒸发而形成金属等离子体，再被巨大的电磁力加速以高达750千米/秒的速

图7.12　用B门（open-shutter）拍摄的位于阿尔伯奎克（Albuquerque）桑地亚国家实验室的*Z装置*照片

显示了储能电容器组放电时产生的电弧和火花

度形成内爆。在一种被称为*动力空腔*的配置中，钨丝阵列围着一个高增益的，置于低密度塑料泡沫块中的ICF靶丸（见图7.13）。爆聚丝阵形成一个等离子体壳，后者如同一个空腔的壁一样挡住在等离子体与泡沫相互作用并消融靶丸的外壳时形成的X射线。

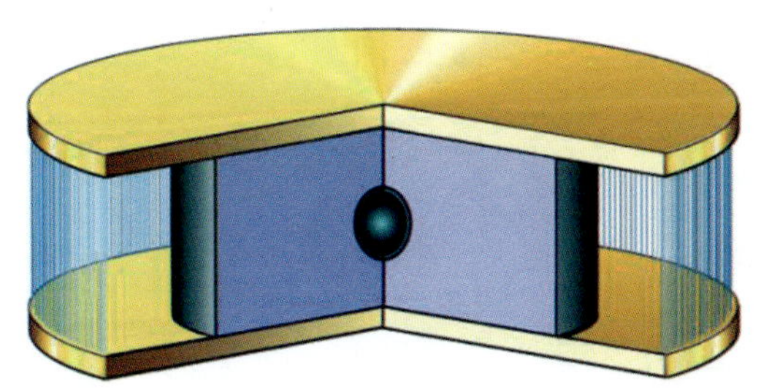

图7.13　动力空腔概念示意图

在细钨丝阵列的中央，ICF靶置于低密度的塑料泡沫中。
一个超高速箍缩放电将金属等离子体以极快的速度向内压，将泡沫蒸发而在靶周围形成自生空腔

7.4 未来的计划

验证点火和燃烧传播是惯性约束聚变计划的下一个重要目标。有两个大激光装置正在建造中，一个是在加州的劳伦斯·利弗莫尔国家实验室的*国家点火装置*（*NIF*），另一个是在法国波尔多附近的*激光兆焦耳装置*（*LMJ*）。它们都将用于ICF和各种基础科学实验，尽管其建造动机都是为了在签署禁止核试验条约之后保持核武器的科学先进性。

NIF和LMJ装置都采用钕玻璃激光，其在1.056微米输出的红外光将被转换成0.35微米的紫外光，能量确定为1.8兆焦耳，与早年的NOVA激光相比前进了一大步。新NIF激光系统（见图7.14）的建筑物有一个足球馆那么大。LMJ装置也很相似，很多激光部件是由这两个项目联合研发的。

NIF预计采用本章早先讨论过的直接驱动和间接驱动两种途径。为了满足直接驱动的苛刻要求，该装置有192条激光束线，同时还发展了光学光滑化技术以达到非常均匀的加热。LMJ计划将集中于间接驱动，所以束线数目较少但能量更高（60条束线，每条3万焦耳），以期总能量达到1.8兆焦耳。有一条束

线已经在建造中，还计划了能量为6万焦耳的实验。共60条束线的整套系统将于2010年完工。靶室的直径为10米，按设计它可吸收高达16兆焦耳的中子能，3兆焦耳的X射线能和3兆焦耳的粒子残骸能。

这些新装置投入运行时，ICF的概念将在接近能量得失相当的条件下用直接驱动和间接驱动验证。同时发展类似于快点火和替代途径这样的想法是ICF作为一种潜在能源未来发展的关键。

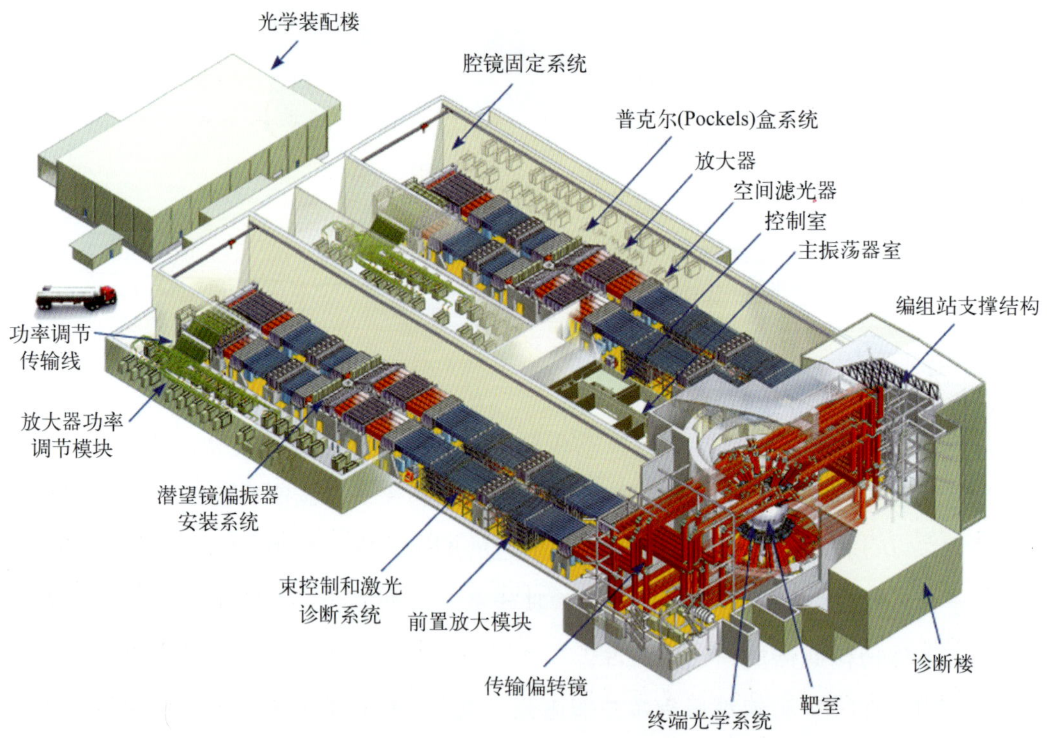

图7.14 建在劳伦斯·利弗莫尔国家实验室并计划于2010年建成的国家点火装置（NIF）示意图

该建筑中有激光器和所有的辅助设备，能产生能量为1.8兆焦耳（MJ），峰值功率为5太瓦（TW）的激光脉冲

第 8 章

不成功的尝试

8.1 试管聚变

1989年3月，当斯坦恩雷·庞斯（Stanley Pons）和马丁·福雷西门（Martin Fleischmann）在盐湖城犹他大学举行新闻发布会宣布他们已经在一个“试管”中实现了室温核聚变时，全世界都震惊了。虽然庞斯和福雷西门不是聚变专家，但他们在自己的电化学领域很有名，而且马丁·福雷西门还是有声望的皇家学会成员。他们的宣告很快引起全世界媒体的注意，“冷聚变”成为各家媒体的头条新闻。似乎是，这两个拥有不多经费和简单设备的大学科学家已经达到了拥有复杂的实验设备和数十亿美元经费的众多大型科研部门追求了几十年的目标。其意义和潜在的利益似乎是十分巨大的——如果聚变能以如此小的规模如此容易地产生，聚变电站则很快就可为每个家庭提供无限的能源。

几天之内，全世界的每一个聚变实验室都在热烈地讨论着这一结果。很多聚变科学家怀疑，一定是出了什么问题——尽管细节很少，但是从了解到的为数不多的情况看，这些结果似乎违反物理学的基本规律。每当有非预期的结果发表时，这样的怀疑在科学界是正常的，但这一次，当这种怀疑来自信誉卓著的聚变专家时，就被当作了反对合法利益的恶意妒忌。

庞斯和福雷西门采用了*电解*过程（见附注8.1），这已被大家所熟知，并且可以在任何高级中学的实验室中演示。图8.1中示出的电解槽是一个盛有液体（比如水）和两根金属电极的容器。在两根电极间通电，水就电离，一个电极释放氢，另一根电极释放氧。庞斯和福雷西门采用的试管中装有*重水*，其中氘取代了原来氢的位置，而且电极是一种特殊金属——*钯*。一百多年前人们就知道，氢能被吸附在像钯这样的金属中并达到很高的浓度，每一个金属原子可吸附一个或多个氢原子。庞斯和福雷西门的目的是用电解将氘堆集到钯中，并达到高浓度以便使原子足够接近而发生聚变。

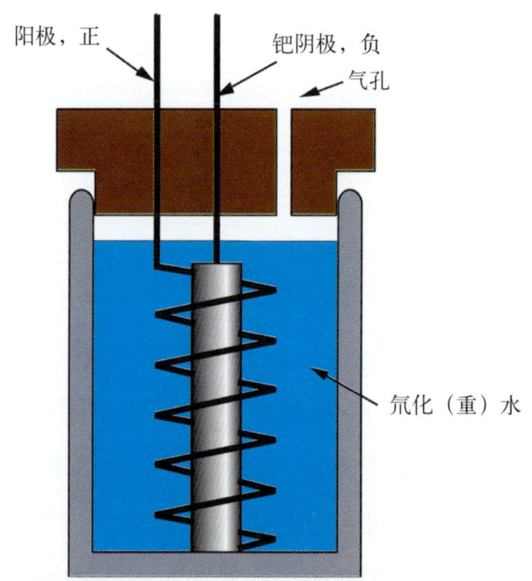

图8.1 庞斯和福雷西门使用的电解槽示意图

氘化水（又名*重水*）置于玻璃容器中，再插入两根金属电极。让水通电，氘就被电离并聚集到钯阴极上。他们宣称，由于其发生聚变反应而导致能量从阴极释放出来

事实上，这并不是什么新思想——20世纪20年代德国做过相当类似的实验，20世纪30年代瑞典也重复过，但这些早年声称的冷聚变早就被否定了。令人吃惊的是，由史蒂文·琼斯（Steven Jones）和鲍尔·葩尔麦（Paul Palmer）领导的另一个小组也在只相距30英里的波里海姆·杨（Brigham Young）大学

与庞斯和福雷西门同时开展类似课题的研究，但他们的宣告却显得谨慎得多。两个小组之间的竞争是导致仓促的新闻发布会的原因之一。

附注 8.1

电解

电解就是电流通过含有带电离子的称为*电解液*的液体。水是共价键，其中离子很少，但加入稀酸或像氯化钠之类的盐，就可提供足以通过可观的电流的离子。如果像在汽车的蓄电池中一样采用硫酸，则产生的离子为 H^+ 和 $(SO_4)^-$。正氢离子被吸向负极并在负极上捕获一个电子，通常结合形成一个分子并作为自由气体释放。负硫酸离子跑向正极并在正极上中性化，之后，其与水发生反应形成更多的硫酸并释放出氧。硫酸作为催化剂，结果是将水分解成氢和氧。

人们知道，如果用像钛、钽或钯之类能与氢发生释热反应的金属作阴极，金属就会被充氢。氢不是作为自由气体释放，而是进入金属并扩散到晶格中形成氢化物，其浓度可达到在每个金属原子中含两个氢原子。

在电解槽发热后，测量温度以比较产出能量与通过电流输入槽的能量。测量是精细的，每一个细节都需要仔细考虑。因为其中有很多复杂的因素。庞斯和福雷西门声称释放的能量多于输入的能量—— 一个令人非常吃惊的结果，而且他们认为多出的能量来源是聚变。氢在金属中的吸附过程已经被研究了很多年。众所周知，吸附于金属中的氢原子相隔太远而永远不会发生聚变。为迫使氘核足够接近而发生聚变所需的能量比通常在金属中可以找到的能量要高得多。这里的能量从何而来呢？有一种解释称，钯中的高氘浓度可能造成金属破裂，这是一种已知的效应。这能产生很高的电场而加速氘核到足够高能量而使其聚变。

其他科学家很难得到足够的信息来细察这种宣告。该结果是在新闻发布会上公布的，只披露了最起码的细节，而不是遵循公认的在科学杂志上发表结果的程序，后者将要求更多的证据。设备的详情没有披露，因为该过程准备申请专利，而且很自然地会认为有很高的价值。这种不愿给出实验细节和公开回应质疑的行为不可避免地激起了科学界的怀疑。

后来，当庞斯和福雷西门向国际知名的《自然》杂志投稿介绍他们的结果时，审稿人要求更多的细节，但作者却以他们没有时间提供要求的信息为由撤回稿件。审稿人表示出的担心之一是，他们没有作适当的对比实验。一种显然的控制方法是比较两个完全一样的电解槽，一个充以重水，另一个充以普通水。在普通氢中发生聚变的概率是可以忽略的，如果像作者声称的那样，在氘中发生聚变，则两个电解槽之间应该有很大的差别。虽然这样的控制实验是如此显而易见，庞斯和福雷西门却从来没有给出任何证据表明他们做过。

还有其他的矛盾和观点受到关注。一个真正的聚变反应会产生其他的可以观测的特殊产物：氚、氦和中子以及能量。庞斯和福雷西门没有讨论氚和氦产物，而且，起初他们关于中子的证据也是间接依据对高能伽马（γ）射线的测量。但是麻省理工学院的理查德·彼特拉索（Richard Petrasso）小组指出，新闻发布会上公布的伽马射线的能量是错的，其在2.5兆电子伏处有一个峰，但来自氘聚变中子的伽马射线峰应该在2.2兆电子伏处。原始数据中的这个小但重要的矛盾从来没有得到解释，而在后来的表述中，能谱的峰显示在正确的能量。后来，当给出中子通量测量时，中子通量显得比期望的低得多，而且与宣称的聚变能的大小也不一致。事实上，如果中子辐照与宣称的热量输出成比例，则庞斯和福雷西门早就丧命了！要在来自宇宙射线和自然辐射元素的辐照本底上测量很小的中子通量是十分困难的。有中子测量专家认为，他们所用的仪器可能有问题。

但是，因其不能立即被清楚地解释就忽略一个结果不是科学界的作风，当其意义如此重大时尤为重要。全世界大大小小的研究组站出来重复这一轰动的结果。仪器简单而且不贵，很多实验室都具备重复这种实验所必需的技术。虽然因缺乏公开发表的细节不能完全重复他们的实验，但他们对仪器却可以自由地发挥想象力，很多人开始探索能否获得冷聚变的证据。结果是，测量比起初想象的困难得多。产生的能量实在太小，电解槽设计的细微改变可能会扰乱它。在压力下，庞斯和福雷西门承认，即使在他们的实验室里，该结果也是不可重复的。在有的电解槽中，要观测到能量的反常性往往需要很长的时间，经常是几十甚至几百小时。这可以解释为在金属中建立所要求的氘密度所需要的时间很长，但在有的槽中却什么都观测不到。这种不可重复性很难使大众相信，但这是一种真正的效应。在有的条件下，这可能归结于一个不可控的变量，可能该结果对一个未知参量非常敏感，而该参量又没有保持不变。

由于实验的难度和结果的不可重复性，有的研究组开始得到肯定的结果，其他则得到否定的结果。有趣的社会学现象出现了。得到肯定结果的人认为，他们已经成功地重复了原始的结果而不再继续——他们急于发表他们的结果。得到否定结果的人自然地认为，他们可能犯了错误或没有创造正确的条件。在重复和检查他们的结果之前，他们不愿意发表他们的结果。这就产生了一种效果，肯定的结果显然先发表——给人一种印象：所有尝试过该实验的人都确认了庞斯和福雷西门的结果。这种争相发表有争议的科学数据的情况以前也曾发生过。诺贝尔奖得主欧文·朗缪尔——等离子体物理领域的先驱，曾研究过这种效应并把其划为被他称为“病态科学”的一种标志。

否定的结果和反对冷聚变的证据稳步增加。尽管对这种条件下能发生聚变的疑虑很大，但由于其意义如此重大，所以很多实验室还是决定拿出相当的资源来重复和检验这些实验。英国哈韦尔的原子能实验室完成了其中一项最仔细的研究。福雷西门曾经是哈韦尔的顾问，他被邀请去亲自介绍他的结果，并对如何创造合适的条件以释放能量给予指导。但是，甚至在几个月的认真研究之后，哈韦尔的科学家们仍然没有得到丝毫有关冷聚变的证据。所有其他的主流实验室得出了类似的结论。美国能源研究顾问委员会成立了一个专门小组来调查这些结果，但没有发现任何重要的科学论据。有的情况下，记录到高能量输出，但产生聚变的必要条件却从来没有完整地满足过。

15年之后，还有一些耐心的献身者继续相信冷聚变，但仍然缺乏有说服力的证据。人们得出结论，这是科学上的可悲事件。两个声誉很好的科学家为了申请专利和获得做出重要发现的荣誉，被迫过早地宣布了他们的结果。

8.2 气泡聚变

2002年，当美国橡树岭国家实验室的路斯·特拉雷亚康（Rusi Taleyarkhan）及其同事宣称在*声致发光*实验中产生聚变时，关于烧杯中的聚变的想法又受到一次短暂的刺激。他们用14兆电子伏的中子在氘化丙酮（C_3D_6O）中形成很小的气泡（直径10～100纳米），然后用电波使气泡先膨胀至毫米的尺度然后破裂。在破裂时，气泡中的蒸气发热并发生闪光。人们推测可能引起了核聚变。

特拉雷亚康及其同事宣称测到了2.45兆电子伏的中子和氚产物，这是DD反应的特征而且当采用普通（非氘化）丙酮时测不到。这一结果是如此令人吃惊，橡树岭的管理部门要求该实验室的两个相互独立的研究员——旦·夏皮拉（Dan Shapira）和迈克·萨尔马西（Michael Saltmarsh）尝试并重复该结果。虽然他们用的探测器比特拉雷的灵敏，但他们没有发现任何辐射中子和产生氚的证据。后来，伊利诺斯大学的尤里·狄雷恩柯（Yuri Didenko）和肯尼史·萨斯里克（Kenneth Suslick）开展的声波能如何分配的研究工作表明，声压缩中的吸热化学反应使要达到发生聚变所需的温度非常困难。气泡聚变成了另一个不成功的尝试。

8.3 介子聚变

1947年，英国布里斯托尔（Bristol）大学的查尔斯·富朗克（Charles Frank）想到了一种全新的途径——轻元素聚变。由塞西尔·鲍威尔（Cecil Powell）领导的小组在研究宇宙射线。他们用气球将照相胶片带到高空同温层，从外空间进入地球大气层的宇宙射线作为胶片上的痕迹而被记录。由此发现了很多新的基本粒子，包括现在被称为“*μ介子*”的粒子。一个μ介子比一个电子重207倍，虽然最先是在宇宙射线中发现的，但现在μ介子也可以在粒子加速器中产生。

负μ介子的行为很像一个重的电子，而查尔斯·富朗克意识到用一个负μ介子代替一个氢或氘原子中的电子的可能性。根据量子力学的规律，μ介子在原子核周围的轨道半径与其质量成反比。目前，所谓的*μ介子原子*的大小只是普通氢原子的1/207。这意味着，这样的一个μ介子原子可以非常接近另一个氚或氘原子并有发生聚变而释放能量的可能性。对这一情况的一种等效的说法是，在很靠近核的轨道上的μ介子的负电荷屏蔽了核子正电荷，从而允许两个核相互足够接近而聚合（见图8.2）。

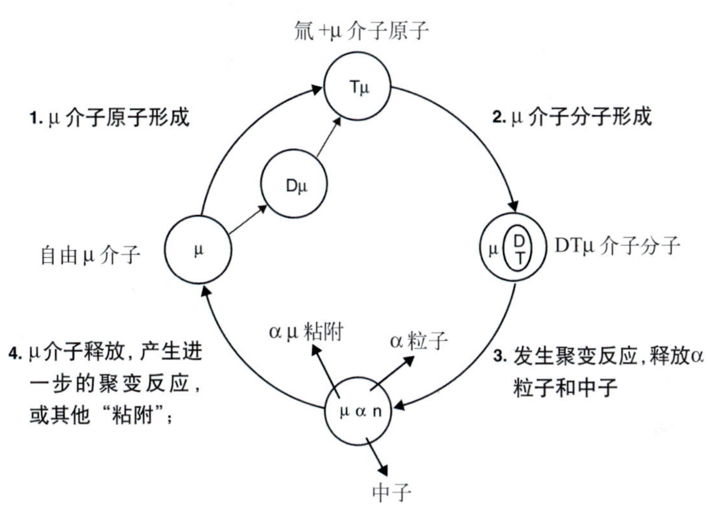

图 8.2 μ介子催化聚变四个阶段示意图

(1) 负μ介子被正氘或氚核俘获而形成μ介子原子。这一过程产生μ介子氚原子，因其略比氘原子稳定；(2) μ介子原子与一个通常的氘分子结合而形成复杂的μ介子分子；(3) 轨道尺寸小的μ介子可部分屏蔽核子的正电荷而使后者足够靠近并发生聚变反应，形成一个α粒子和一个中子；(4) α粒子飞离，留下μ介子重复该过程。但是，有的情况下，α粒子与μ介子粘附在一起而阻止进一步的反应

这一想法的实际应用会碰到两个问题。第一个是，μ介子是不稳定的，其寿命只有2.2微秒。第二个是，在一个加速器中产生一个μ介子所消耗的能量比一个DT聚变反应所释放的能量多，事实上多1 000倍。但是，一切能量都没有丧失。富朗克意识到，DT聚变之后μ介子有可能被释放，因为阿尔法粒子会以很高的速度离去，使μ介子可以自由地去激发另一个聚变反应。μ介子的作用就像催化剂，这种过程就叫*μ介子催化*聚变。显然，使其成为有生命力的能源的关键是，每个μ介子在其短暂的寿命中必须能催化至少1 000次聚变反应，这样，产生的能量才会超过生产一个μ介子所消耗的能量。

在苏联，安德烈·萨哈罗夫（Andrei Sakharov）接受了富朗克的想法。但他计算的μ介子催化聚变的反应率似乎表明，该过程太慢而不能在μ介子的寿命期中获得净能量增益。其间，在加利福尼亚的伯克莱的刘易斯·阿尔佛雷格（Liuis Alvereg）于1956年首次观测到作为加速器实验的副产品的μ介子聚变。专门的μ介子聚变实验随后在苏联展开。首先是用DD，随后是用DT，证明了

催化过程原则上可行。差不多同时，两个苏联物理学家——塞格·哥斯廷（Sergei Gerstein）和雷欧尼德·普诺马雷夫（Leonid Ponomarev）意识到，原来的理论有缺陷，而且μ介子DT分子的形成可以比原先的认识快得多。因此，即使在一个μ介子的短暂的寿命中，仍然有可能发生很多聚变反应。

该工作导致了人们对这一课题新的兴趣。为确定每个μ介子能达到多少次聚变反应，开始开展新的实验。由新墨西哥的洛斯阿拉莫斯实验室的史蒂文·琼斯(后来卷入波里海姆·杨大学的冷聚变工作)领导的实验采用金衬里的不锈钢容器，充以氘和氚，其温度和压强可控制在较宽的范围内。理论预言，高压强下分子形成快，1985年发表的结果表明，增加DT混合物压强将每个μ介子引起的聚变数提高到大约150。但是，这仍然远小于得到净能量增益所需的数目。与当时的“热”聚变，无论是磁约束还是惯性约束的相似是令人称奇的。它们都可以释放聚变能，但必须注入远远大于可能得到的能量。

主要问题是被称为*粘附*的现象。每一次聚变反应产生一个带正电的阿尔法粒子，它可能会吸引并俘获负μ介子，就不能再引发聚变。例如，如果粘附概率是1%，则μ介子催化的最大聚变数将是100，太低而不经济。最近的实验工作是集中在设法测量粘附率，并看能否将其减小。

最近的一些实验是由永岭谦忠（Kanetada Nagamine）领导的英国－日本研究组合作研究完成的。这些实验在英国的卢瑟福·阿普雷顿（Rutherford Appleton）实验室的ISIS（英国脉冲散裂中子源名）加速器上进行，这是当今世界上最强的可用μ介子源。永岭（Nagamine）测到的粘附率为0.4%，允许一个μ介子参与250次反应。减小粘附率的方法仍在探索中。但是，人们似乎正在逐步意识到，粘附率的这个值是一个很基本的限制。这似乎是自然界的一个不幸的事实，用此方法实现能量得失相当显然是可望而不可及的。

第 9 章

托卡马克

9.1 基 础

第 5 章描述了磁约束的各种基本原理。但是，1968 年在新西伯利亚召开的国际聚变能会议上（见图 9.1），也就是托卡马克已经超过环形箍缩和仿星器之时，事情发生了根本的改变。人们对托卡马克的结果产生了一些怀疑，其唯一理由是，托卡马克等离子体的温度测量不是十分直接的。为了完全解除这些怀疑，次年一组英国科学家被邀请到莫斯科用基于激光的新技术（见附注 9.4）测量等离子体温度。测量结果发表后，连原来最持怀疑态度的聚变研究人员也被说服了。美国在普林斯顿的一流聚变实验室很快行动，将其最大的仿星器改成一个托卡马克。接着，很多新的托卡马克实验装置在美国、欧洲、日本，当然还有苏联的各聚变实验室相继投入建造。从此，托卡马克引领磁约束聚变研究。

托卡马克的基本特征如图 9.2 所示。这种装置有两个主要磁场，其中一个由缠绕在圆环形真空室外面的铜线圈产生，称为*环向场*。另一个磁场称为*极向场*，由流经等离子体的电流产生。该电流由变压器的感应作用产生，类似于第 5 章描述的箍缩系统。上述两个磁场的结合产生组合磁场，其磁力线为环绕圆环的

图 9.1 出席 1968 年国际聚变新西伯利亚会议的苏联和英国科学家

会议期间同意英国派遣一组英国科学家赴莫斯科，采用激光技术的新方法(汤姆逊散射)测量等离子体温度以验证苏联宣称的托卡马克达到的高等离子体温度。从左到右：巴斯 · 皮斯，尤利 · 鲁吉阿诺夫，约翰 · 阿达姆斯，列夫 · 阿奇莫维齐，休 · 保丁，米哈依尔 · 罗曼诺夫斯基和尼可尔 · 皮可克

大螺距螺旋线。表面上看，托卡马克与环形箍缩相似，后者也有两个类似的磁场。主要的差别是磁场的两个分量的相对强度不相同。在箍缩装置中，极向场远高于环向场，所以螺旋磁力线缠绕得十分紧密，但是在托卡马克中情形刚好相反，由外部线圈产生的环向场的典型的值是由等离子体电流产生的极向场的 10 倍左右。

环向场的主要作用是稳定等离子体。最严重的不稳定一定会将磁力线弯曲或拉伸，而后者的作用好像钢筋混凝土内的钢筋（虽然把等离子体比作果冻比混凝土更加恰当些）。托卡马克具有比环形箍缩更强的“加固钢筋”这一事实具有使其等离子体更加稳定的作用。仿星器也有一个强的环向场，并且也具有托卡马克固有的稳定性。但是，仿星器没有等离子体电流，所以需要外加复杂的线圈产生极向磁场。建造这些线圈很昂贵，并且安装精度要求也很高。所以，托卡马克超过仿星器并且一直走在前沿的直接原因之一就是建造比较简单、比较便宜。

9.2 不稳定性

试图把热等离子体容纳在一个磁场内就像试图在人的手指上平衡一根小棍，或者在小山顶上放置一个圆球，任何一个微小的位移将随速度的增加而变得越来越大。等离子体具有内在的不稳定性，始终企图逸出磁场。有些不稳定性会引起整个等离子体突然损失；另一些不稳定性持续存在且减少能量约束时间。虽然这些不稳定性使聚变条件难以达到和维持，但值得强调的是，所有这些不稳定性都是安全的，不至于引起爆炸或破坏环境。从磁场逸出的等离子体，一旦碰到固体表面，就会很快冷却。

如果等离子体电流或等离子体密度超过一个临界值，即使环向场足够强，托卡马克等离子体仍然是不稳定的。等离子体以快速而突发性的方式自我熄灭，这种方式称为*破裂*（见附注 9.1）。通过精心选择运行条件，破裂在某种程度上是可以避免的。最大的电流和密度取决于托卡马克的物理尺寸和环向磁场强度

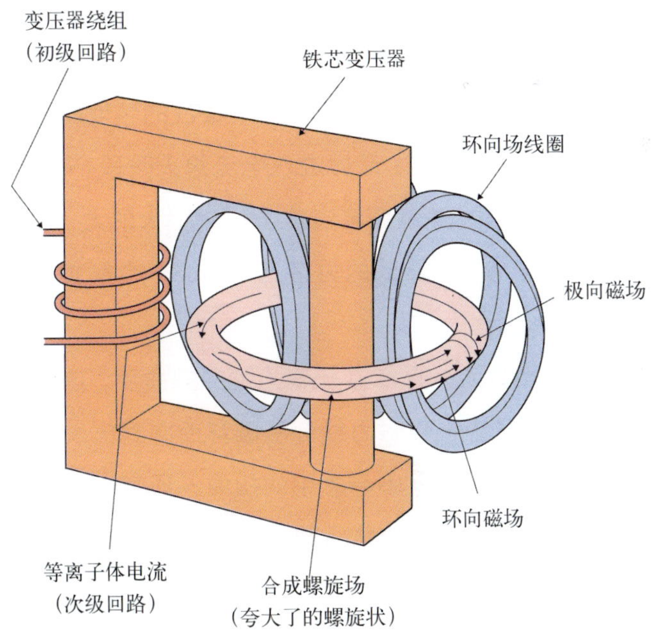

图 9.2 托卡马克示意图

显示等离子体中的电流是如何经由变压器初级绕组感应产生的。
由外部线圈和等离子体中电流产生的两组磁场合成了螺旋磁场

（见附注 10.1）。当等离子体边缘磁场螺旋太紧密时要发生破裂。增加等离子体电流使极向场增强，但使螺旋线更扭曲，等离子体则变得不稳定。增强环向场使螺旋线变直，改善等离子体的稳定性。等离子体密度的效应更加复杂。简单说来，如后面要讨论的，由于更多能量会通过辐射损失掉，增加密度会使等离子体边缘变冷。因为热等离子体的电导率比冷等离子体高，冷边缘把电流挤向中心，通过减小等离子体有效直径增加磁场扭曲。

附注 9.1 **破裂**

托卡马克中的大破裂是等离子体电流突然结束终止且失去约束的突发事件。其以由十分确定的四个阶段的一系列事件为先兆。首先是托卡马克基本状态发生改变，通常是等离子体电流或密度增大，但不是总能清楚地确认。当这些变化达到某个临界点时，第二阶段以等离子体内磁扰动增长开始，典型的增长时间为10 ms量级。该过程然后通过第二临界点而进入第三阶段。在这个阶段，事件以快得多的时间尺度发展，典型的特征为1 ms量级、约束恶化和中心温度崩塌。等离子体电流剖面变平，电感变化引起特征性的环电压负尖峰，其典型值为正常电阻环电压的10～100倍。最后进入电流熄灭阶段。等离子体电流以100 MA/s以上的速率衰减至零。破裂在真空室上引起很大的力，这些力随装置尺寸增大而增大。在大托卡马克上测到的力有几百吨，一个聚变电站所承受的力至少还要高一个数量级。

确定破裂发生的因数之一是螺旋状磁力线的扭曲度。这种扭曲度用称为*安全因子*的参量 q 度量，其为一根磁力线环绕圆环而回到出发点需要绕大环的次数，高 q 表示平缓的扭曲，低 q 表示急剧的扭曲。通常，当等离子体边缘的安全因子 $q<3$，则等离子体变得不稳定（附注 10.1 对此有更详细的讨论）。

人们控制破裂的努力只取得有限的成功。应用反馈控制起始的不稳定性，延迟了破裂的第三阶段的出现，但非常临界。电站设计者建议不惜成本完全杜绝破裂的发生，但是看来并不现实。一个补救的办法是在电流熄灭前注入一个所谓的“熄灭弹丸”，通过辐射冷却等离子体。

某些托卡马克不稳定性是细微的，并不完全破坏等离子体，而只导致能量损失。例如，托卡马克中心温度通常遵循一个固定的周期缓慢上升，然后突然下降。温度与时间的关系曲线有点像锯片的边缘，从而使这种不稳定性获得*锯齿*之名（见附注 9.2）。锯齿同等离子体中心磁场的扭曲有关。非常小尺度的不稳定性出现在整个托卡马克放电期间。因太小而不易被发现，但其仍然会减弱等离子体的约束（见附注 10.3）。托卡马克的不稳定性是一个非常复杂的课题，至今离完全理解仍然很远.这些不稳定性在许多方面和天气中的不稳定性类似，而且与后者有很多共同之处，因为两者都受流体的流动控制并表现出湍流行为。

附注 9.2

锯齿

等离子体中心温度常常周期性地变化，线性增长至一个峰值，快速下降，然后重新上升（见图 9.3）。由于显而易见的原因，这种特征被称为锯齿。

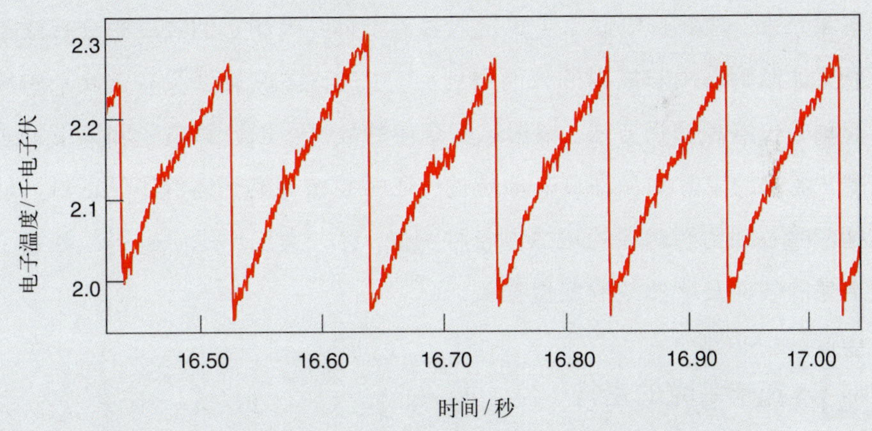

图 9.3 托卡马克等离子体中心温度的变化表现为典型的锯齿行为

不同径向位置的观测表明，当中心温度下降时，中心区的温度分布变平。更靠外处的温度在上升，表明等离子体能量突然向外流出。由莫斯科库尔恰托夫（Kurchatov Institute）研究所的鲍利斯·卡多姆采夫（Boris Kadomtsev）提出的一个模型，用磁*岛*解释锯齿行为，先前十分成功，磁岛增长并和磁力线粘连。最终，粘连的磁场通过*重联*使自己脱开，实际上是纠缠的磁力线崩塌后更有序地重新聚集。磁重连使热的中心区域等离子体与冷等离子体混合。但是，最近的锯齿测量暴露了许多细节与卡多姆采夫模型是不一致的。虽然人们试图改进卡多姆采夫的理论，但是，至今还没有一个锯齿不稳定性模型被普遍接受。

等离子体中心的安全因子 q 达到 1（理论指出这是不稳定的），过去通常被认定为锯齿触发的条件。随着技术发展，能够直接测量托卡马克内的 q 值，人们惊奇地发现，那里 $q<1$。

9.3 等离子体诊断

运行的第一阶段目标是使托卡马克能投入工作（见附注 9.3）。第二阶段目标是对等离子体进行*诊断*，即测量它的特性（见附注 9.4）。这是很困难的事情，因为等离子体非常热，任何固体探针不可能深入其内。通过分析来自等离子体的辐射：X 射线、光、射频波和中性粒子可以获得很多信息。另外一些信息则通过将激光束、微波、中性原子束注入等离子体，观测它们强度的衰减或观察被等离子体散射或由它发射的光而得到。其中的许多测量涉及非常复杂的用计算机控制的仪器和分析方法。根据这些获得的数据可以计算电子和离子的密度和温度、能量约束时间和许多其他特性。还需要按等离子体的不同区域，从灼热和稠密的芯部到相对冷的边缘作各种测量。另一类工作是研究引起等离子体不稳定性的条件及所造成的能量损失。

附注 9.3 托卡马克的运行

任何一个新的装置启动阶段都是激动人心的。涉及到一大批设备和系统，在等离子体产生和加热之前它们必须同时投入运行。虽然运行其他托卡马克装置获得的经验可以借鉴，但是每一个托卡马克都有其自己的特性。打一个比方，让你学习驾驶 20 世纪 90 年代的汽车，驾驶员粗略知道应该做的事情，但是还要反复学习和试验每辆车的性能，学习如何换挡使车开得最平稳、效率最高。同样，托卡马克的运行也要慢慢地优化。大家知道，等离子体电流、压强和密度是有限制的，高于或低于这些限制，等离子体就不稳定（详见附注 10.1）。新托卡马克的这些限制在哪里？约束时间和温度是否如预言的那样？

对装置的供电和控制系统进行检验后，第一件要做的事情就是把真空室里的空气抽空并弄干净以减少杂质。然后调试磁场，向真空室充氘气和加电压，使气体电击穿，产生电离，形成等离子体。一旦变成导体，就产生了电流。等离子体电流和电流脉冲的长度是由供电的容量决定的。每次等离子体电流下降，等离子体冷下来之后，供电系统再充电以备下一次放电。实验的放电重复率，典型值是每15分钟一次。一旦等离子体可靠产生，等离子体各种参数的诊断工作即可全面展开。当装置运行的信心一点一滴地增加，磁场和等离子体电流也逐步提升。随着装置和等离子体各项参数的提高，有必要仔细检查所有机械和电器系统是否过载。在运行人员找到最佳等离子体条件之前需要几个月乃至几年的运行经验积累。这个阶段对于许多物理实验是共同的，也类似于高能物理加速器运行的最佳化。当所有的部件运行可靠，物理实验才得以开始。

经过典型的3～6个月的运行，停止实验后装置开始维修。鉴于已有的运行经验对装置进行改造和改善，为此需要*停工*几个星期甚至一年以上。因为机器运行于接近材料的承受极限条件下，而且这些装置是用作实验的，而不是用于生产的，所以改善运行状况只能是渐进的。

附注 9.4

温度测量

在聚变实验中，测量等离子体性能无疑是重要的。这些测量包括温度、密度、杂质浓度、粒子和能量约束时间。因为涉及高温，测量必须是远距离的，通常是使用观测来自等离子体辐射的方法。电子温度的测量方法是用激光束射入等离子体，然后探测被电子散射的光。由于电子温度很高，散射光产生多普勒频移。探测沿着激光入射路径不同位置处的散射光可得到温度的径向剖面（见图 9.4）。通常假定电子具有麦克斯韦分布，测量几个离散波段处的散射光通量足以得到温度。局域电子密度可以从来自特定区域的总散射光子数得到。汤姆逊散射的光子数通常比较少，所以必须使用高能量（红宝石或钕玻璃）短脉冲激光器。这种激光器的脉冲重复率必须高，才能测到温度随时间的演变。电子温度也可以

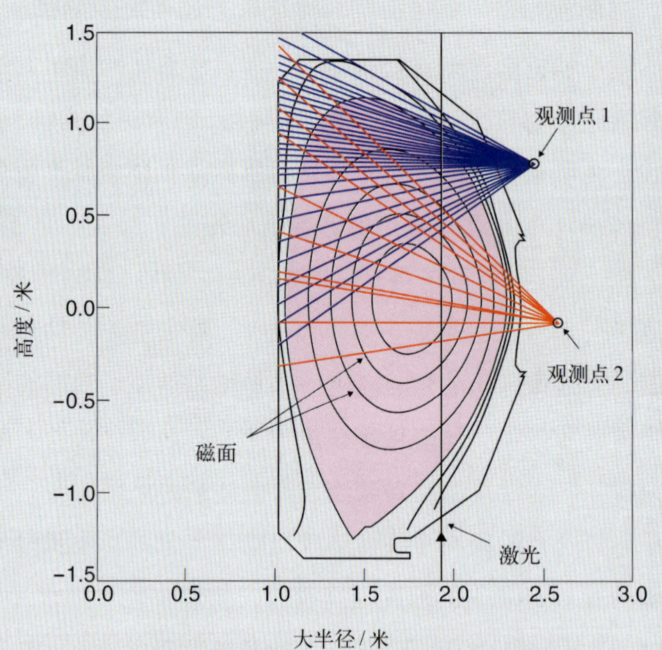

图 9.4　美国圣迭哥 DIII-D 托卡马克装置的汤姆逊散射诊断

激光束沿垂直线穿过等离子体，通过两个观测点接收多达 40 道散射光

从电子在磁场中作圆轨道加速运动发射的*电子回旋辐射*测到。

杂质离子的温度可以用高分辨率光谱仪观测一条适当的谱线的多普勒加宽直接测到。因为杂质在不同的等离子体区域具有不同的电荷态，因此，有可能测量不同径向位置的温度。氢离子在等离子体中心，不发射光谱线，因为它已经完全被电离了。通常氢离子和杂质离子的温度相似，它们之间的差别可以校正。

当通过很好的诊断确定等离子体基本参数的特征后，下一步要做的事情是与各种理论预言的特性作比较。这样，有可能对等离子体的行为有较好的认识。只有达到这样的认识，才有可能知道如何改进等离子体，并得到接近聚变电站所需的条件。

9.4 杂 质

托卡马克等离子体通常容纳在外套环向磁场线圈的不锈钢环形容器内。容器内的空气全部被抽出，再充以低温氘气并电离成为等离子体。虽然是用纯氘气电离的，但等离子体很快就被其他元素污染。这些其他元素被称为*杂质*，其来源是等离子体与材料表面相互作用（见附注 9.5）。

附注 9.5 杂质源

在燃烧等离子体内，核聚变过程是一个内部氦灰源。其他杂质来自包围等离子体的材料表面与等离子体的各种相互作用。金属中的碳和氧杂质是在制造过程中带入金属体内又迁移至表面。这些表面污染物通过等离子体辐射或者溅射、起弧和蒸发释放出来。*溅射*是高能离子或中性粒子打出原子的一种粒子作用过程，其中包括由于动量转移而打出的来自表面的金属原子。*起弧*是由等离子体与表面之间的电压差驱动产生的。当加到表面的功率负载足够高，使其温度接近熔点，常常在面对等离子体的突出的边缘区形成热点，于是发生*蒸发*。所有的这三种机制对直接接触等离子体表面的物体都是重要的，诸如孔栏或偏滤器。但是一般说来器壁受带电粒子屏蔽，只有电荷交换中性粒子会产生溅射。

即使在最严格的真空条件下，氧和碳原子仍始终覆盖表面。事实上，一个完美的清洁表面是不可能保持的，清洁表面是如此的“黏”，它很快就被覆盖了。来自等离子体的粒子和辐射轰击器壁，轰击驱逐黏在表面上的氧和碳原子，甚至还会打出表面的金属原子（见附注 9.5）。这些杂质原子进入等离子体，被电离并被磁场捕获。氧和碳等杂质离子的外层电子不多，其辐射使边缘等离子体强烈冷却（见附注 9.6）。过度的边缘冷却使等离子体不稳定，因此当密度升高则会产生破裂。为了达到高的等离子体密度，氧和碳杂质浓度必须减少到低于 1%。金属离子，尤其是那些带有许多电子的金属离子比如钨，通过辐射会带出很多芯部等离子体能量。芯部的过度冷却使达到点火温度变得很难。

为了减少杂质效应，需要精心设计和选择托卡马克真空室内壁材料。内表面要仔细清洗；在托卡马克的高温聚变等离子体运行之前，先要把环形真空室加热至几百摄氏度，然后进行数小时的低温等离子体放电。苏联科学家对这个过程有一个极好的术语，称为“‘锻炼’托卡马克”。但是，即使最好的锻炼也免不了从真空室壁引入杂质。

托卡马克的一个重要特点是必须有一个确定的等离子体与壁间能承受高热负荷的接触点。这就是*孔栏*（*限制器*），它限制了等离子体的尺寸大小。早期的托卡马克通常使用金属材料，如钨或钼作孔栏，因为它们能够承受高温。但是，因为这些金属材料进入等离子体会引起严重的杂质污染问题，所以现在的许多托卡马克大多使用碳和铍，它们的杂质效应较弱。但是碳和铍又会引起其他问题，因此，迄今为止仍未找到理想的壁材料，这是聚变电站需要解决的重要问题之一。

附注 9.6 杂质辐射

托卡马克等离子体中的杂质引起各种问题。最直接的效应是辐射功率损失。表征杂质含量的一个方便参数是有效离子电荷，$Z_{\mathrm{eff}} = \sum_{\mathrm{i}} n_{\mathrm{i}} Z_{\mathrm{i}}^2 / n_{\mathrm{e}}$，式中的求和号针对所有种类的离子的所有电离态。

最重要的冷却机制来自与部分电离的杂质离子的电子跃迁有关的线辐射，这种辐射会在原子完全电离即丢失所有电子后停止。因此，在放电初期等离子体温度不高的时候，或者对于等离子体边缘，线辐射特别重要。*低 Z* 杂质，如碳和氧在高温等离子体中心丢失所有电子。但是，为了达到点火，我们必须克服辐射峰，对碳杂质而言，其辐射峰值位于 10 eV 附近。下一步，等离子体必须克服由任何*中 Z* 杂质和*高 Z* 杂质产生的辐射垒来维持燃烧，*中 Z* 杂质，如铁和镍，高 *Z* 杂质，如钼和钨，它们的辐射峰分别是 100 eV 和 1 keV 左右。氘氚等离子体中含有的 0.1% 的钨杂质所引起的辐射就可以大到使点火不能实现。

从辐射冷却的观点看，较高浓度的碳、氧和氦灰在聚变电站还可接受，但又产生了燃料的稀释问题。一个杂质离子会产生许多电子。从电子密度运行极限和等离子体压强（见附注 10.1）考虑，出现这种情况的后果是置换燃料离子。例如，对给定的电子密度，每1个完全电离的碳离子取代6个燃料离子，所以，在等离子体芯部只要有10%浓度的完全电离的碳，将会使聚变功率减少一半。

早在20世纪50年代美国普林斯顿的拉曼·斯必泽在仿星器设计上就试图缓解等离子体与器壁的相互作用。在他提出的磁约束系统中，等离子体边缘的磁力线有意地*偏出*主等离子体室进入另一个室，在那里边缘等离子体与器壁相接触，这个系统称为*偏滤器*。

通过限制两个室之间的孔道的尺寸，以防止偏滤器内产生的杂质返回主室。因为来自主室的主等离子体流往往会将杂质扫回到偏滤器中，很像是激流里的游泳者。当仿星器研究失宠后，斯必泽的偏滤器概念被用到托卡马克上并取得很大的成功（见图9.5和图9.6）。

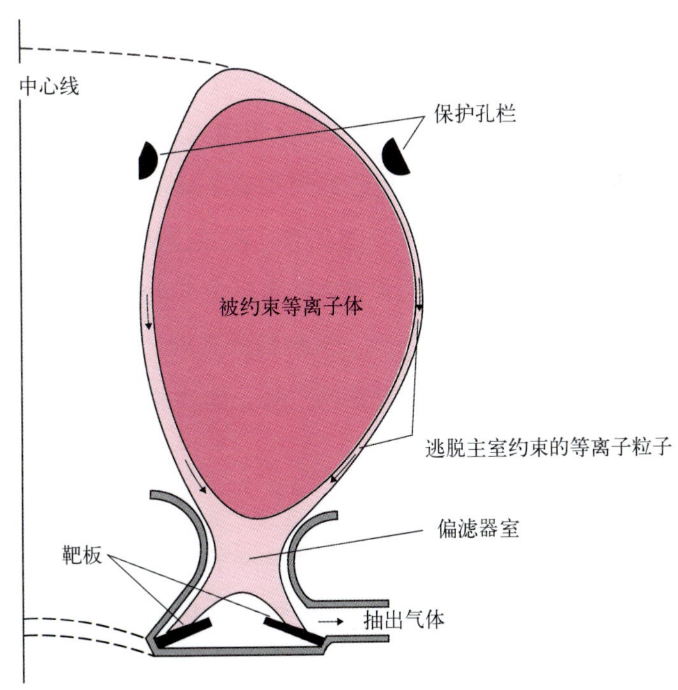

图9.5　设在托卡马克装置底部的偏滤器

由等离子体电流产生的极向磁场被外加线圈（见图中未表示）产生的场扭曲，使磁力线局部反向进入偏滤器室。这样，从约束区逃脱的等离子体流入偏滤器室，在那里，边缘等离子体与靶板相接触并中性化后被抽出

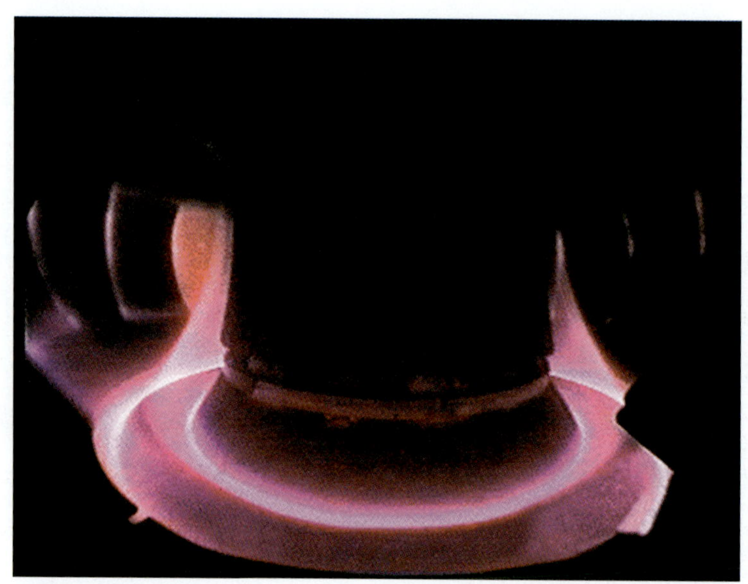

图 9.6 德国慕尼黑 ASDEX-U 托卡马克偏滤器区域发出的等离子体光

光的亮环是等离子体与偏滤器强烈接触的狭槽

遗憾的是偏滤器对于托卡马克设计和建造增加了诸多困难，也更加费钱。对于给定的磁场线圈尺寸，可用于约束等离子体的有用空间也减少许多。因此，赞成和反对建造偏滤器的争论一直不停。不过，赞成一方增加了一个强有力的论据：偏滤器的一个重要功能是清除聚变反应产生的氦灰。如果氦灰不清除，任其在反应堆内积聚，势必导致氘、氚燃料的稀释，降低聚变功率输出甚至丧失点火条件。氦可以被看做聚变电站的“灰”。偏滤器把氦灰集中起来，然后排除。

9.5 等离子体加热

等离子体电流有两个功能。只要产生等离子体电流就会加热等离子体，如同电流通过金属丝会加热金属丝一样。这种加热称为*欧姆加热*，或者*焦耳加热*，在早期的托卡马克中是非常有效的，也是这种装置成功的原因之一。但是，等离子体温度升高到一定程度之后，它的电阻会变小，电流加热等离子体的作用也变得更小。用欧姆加热方法最高可达到的温度典型值是5 000万摄氏度，这是一个非常高的温度，但是与聚变所需的温度尚有一定差距。

增加等离子体电流显然是提高等离子体温度最简单的方法，但是，电流增加太高会引起等离子体破裂（见附注9.1），除非要把环向场按比例升高（见附注10.1）。在磁场线圈上的作用力随磁场升高急剧增加，使最大环向场有一限制。某些托卡马克已经达到非常高的磁场。随着磁场升高得到的附加好处是等离子体的密度和能量约束时间的增加。早期的成功诱使人们通过增加磁场来达到点火需要的条件。但是，这条路存在严重的工程困难。

除欧姆加热外，为了等离子体进一步加热已经发展了两种主要的加热技术。第一种技术称为*中性束加热*，使用高功率高能中性氘原子束注入等离子体（见附注9.7）。

第二种等离子体加热技术使用射频波（见附注9.8），其原理有点像一个微波炉中食物通过吸取微波能量得到加热，等离子体也从微波源吸收能量得到加热。这种等离子体加热方式需要采用更先进的技术以选择合适的频率使等离子体吸收波的能量。最重要的频率范围与离子和电子在环向磁场中的共振频率有关。离子共振频率范围类似于收音机和电视机传播频率，电子共振频率范围接近雷达使用的频率。将中性束和射频波加热相结合提供了一种灵活的安排，可以控制等离子体内离子和电子的温度。

附注9.7 中性束的产生

用于等离子体加热的中性束是在托卡马克外面产生的，氘离子穿过一系列高压栅被加速到高能（见图9.7）。因为高能离子在磁场中会偏转，不能直接注入托卡马克。因此，离子束必须穿过氘气吸收电子转化为中性原子，中性原子束不被磁力线偏转，能够深入穿透到等离子体内，并在其中电离。电离后的束被捕获在磁场内，通过碰撞加热等离子体。

中性束注入能量要与托卡马克等离子体尺寸和密度相匹配，用于当今托卡马克的典型的中性束能量为120 keV左右。但是下一代托卡马克或聚变电站需要高得多的能量，大约1 MeV。如此高能量的正离子的中性化过程的效率很低，因此，一种新型的负离子加速系统正在开发。

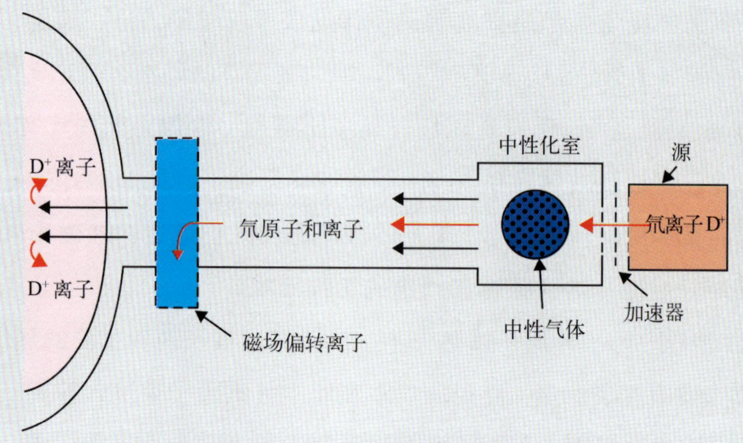

图 9.7 用于等离子体加热的中性束注入系统示意图

为了注入最高功率到托卡马克，在强流源的研发方面已经开展了多年工作。从一个栅极孔引出离子流存在理论极限，所以加速栅极已用到200个孔。技术难题之一是如何把注入系统的废热排出。目前常用的注入器的离子流为60A 120 kW，其中性化效率只有30%，结果是每个注入器的功率只有2 MW。

附注 9.8

射频加热

用于等离子体加热的最高频率取决于*电子回旋共振*频率 $\omega \approx \omega_{ce}$，即仅由环向场强度决定。对于大部分装置共振频率落在60~120 GHz，频率与磁场关系为28 GHz/T。但是对于一个聚变电站而言，频率要高至200 GHz。自由空间波长落在毫米波段。等离子体外的波在金属波导内传播，发射天线可设在正对等离子体的边缘。电子回旋波加热电子，通过碰撞再把能量传递给离子。这种加热方法可用于加热整体，也可加热局部等离子体，还用于控制锯齿破裂。电子回旋加热的应用曾受阻于缺乏可靠的高功率高频源。现在，这个困难已经克服，这种技术在聚变领域的重要性正在增长。

*离子回旋共振*频率低于电子回旋共振频率，$\omega \approx \omega_{ci}$，取决于离子的*荷质比*（$Z/A$）和环向磁场。波共振频率处于15.2（$Z/A$）MHz / T。该频段40～70 MHz正好落在商业射频广播的范围之内，所以功率的产生和传播技术发展得很好。

托卡马克中环向磁场随$1/R$下降，所以由频率决定的加热定域在特定的*半径*上。加热过程的物理十分复杂，要么利用两种离子的等离子体（百分之几的氢混合在主体为氘的等离子体），要么工作在二次谐波$\omega \approx 2\omega_{ci}$，两者选其一。离子回旋波的天线必须非常紧挨着等离子体边缘才能耦合得好，因为波不能在低于临界密度（典型值为$2 \times 10^{18}\,m^{-3}$）的条件下传播。等离子体与天线的相互作用受到局域强射频场的影响而加剧，可能导致严重的杂质流入问题。尽管名称是离子回旋加热，但通常加热等离子体电子比加热离子的效果更好。同时使用中性束加热和离子回旋加热，在某种程度上可控制离子和电子两者的温度。

介于离子和电子共振频率之间，还有第三个共振频率，称为*低混杂共振*，其频率范围1～8 GHz，相应的自由空间波长落在微波频谱区。业已证明，这个波段对等离子体加热的效果较差，主要用于等离子体的电流驱动。

上述加热技术在20世纪70年代引入托卡马克，等离子体温度增高很快，加快了接近核聚变目标的步伐。最初人们期待聚变目标随手可得，实际却并非如此。现在大家知道，托卡马克等离子体的能量损失要比预期的快，仔细研究发现，加热功率增加以后能量损失更快。换句话说，当辅助加热用上之后能量约束时间变坏（缩短）。这就好比开着窗在屋子中央烤火，在火燃得越旺的同时，把窗户也开得越大。虽然这屋子仍然是热的，但需要比关着窗户的屋子提供更多的能量。实现聚变的等离子体温度可以达到，但是要提供比原来预期的更多的热量才行。

这确实是一个坏消息，但随着一些实验开始显现出更好的约束给我们带来了一线希望之光。在德国带有偏滤器和中性束加热的托卡马克ASDEX（德国聚变装置名）上实现了新的高约束运行区域，这就是所谓的*H模*。

附注9.9 L模和H模

1982年ASDEX托卡马克在中性束注入加热期间，弗利茨·瓦格纳和他的同事们发现，在一定的条件下等离子体特性、能量和粒子约束出现突然的转换。

这个行为是没有预期到的，随后，这种转换在其他带偏滤器的托卡马克也观测到。带孔栏的托卡马克也能观测到，但比较困难。等离子体处于转换后的状态称为*H 模*（高约束模）以区别通常的*L 模*（低约束模）。能量约束改善是原来的2 倍。

出现 H 模要求加热功率超过一个阈值。L-H 转换首先从等离子体边缘观测到，边缘密度和温度突然增长导致陡的边缘梯度，可以简单地认为是一个边缘输运垒。边缘和中心的温度和密度上升，但这个新的平衡不容易控制。通常边缘区域变得不稳定（见图 9.8），出现周期性的使等离子体损失的小破裂，称为*边缘局域模*（*ELMs*）。

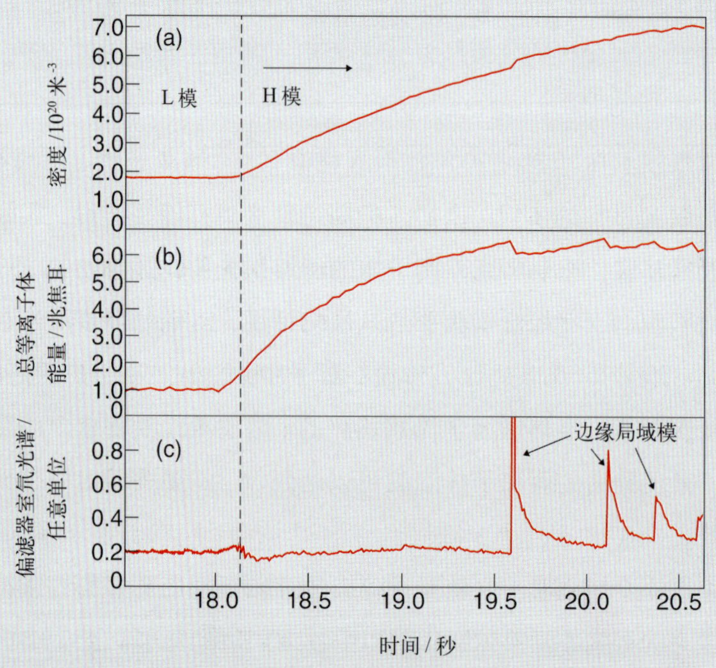

图 9.8　L 模到 H 模转换典型行为

(a) 密度；(b) 等离子体；(c) 偏滤器室氘原子光辐射，显示边缘局域模特征尖脉冲

第 10 章

从 T-3 到 ITER

10.1 大型托卡马克装置

20世纪70年代早期新建的托卡马克的成功激励着聚变科学家提出有雄心和远见的研发计划。1973年的石油危机，使替代能源得到公众和政府的重新支持，聚变研究经费得到改善。但是，从相对小的托卡马克外推到聚变堆等离子体条件的过程非常不确定。等离子体温度尚未达到点火需求值的十分之一，能量约束时间则相去甚远。很明显，为了达到点火温度，必须有强大的加热手段，但是加热技术（见第 9 章）还在研发之中，谈论能量约束定标为时尚早。

虽然对于能量和粒子损失过程缺乏理论上的理解，但早期托卡马克的实验数据表明，等离子体温度和能量约束时间是随着等离子体电流增加而上升的。即使数据十分分散，当时的规划提出，托卡马克的电流达到 3 兆安（MA）时就可以达到*能量得失相当*，即聚变能输出与需要输入的加热能量相等。做到这一步仍然不足以*点火*（点火条件是等离子体内阿尔法粒子加热足以维持等离子体而不需要外部加热），但这已经是朝向聚变堆设计迈出的至关紧要的一步。

法国的 TFR 和俄罗斯的 T-4 托卡马克是运行在 20 世纪 70 年代初期最强有

力的装置，最大的等离子体电流已经达到400千安左右。稍后，美国建造的1兆安托卡马克，称为*普林斯顿大环*（*PLT*），于1975年投入运行。欧洲则在1973年作出了大胆的决定，开始设计一个3兆安托卡马克，称为欧洲联合环（JET）。这么大的装置需要太多的人力和物力的投入，对于一个聚变研究所来说风险过大，所以由欧共体出面合作承担经费和风险。JET设计进展很快，但政策的决定很慢。英国和德国都想主管JET，两国部长安东尼·韦基伍德·本（Anthony Wedgewood Benn）和汉斯·马特赫费尔（Hans Matthö fer）直接参与此事，他们双方各不相让。危机发生在1977年10月，JET的设计组行将解散，而结局又出人意料。10月17日联邦德国汉莎航空公司一架飞机被巴德尔-迈因霍夫（Baader-Meinhof）匪徒劫持，在索马里首都摩加迪沙解救人质一事给人留下深刻印象。英国运用特殊手榴弹打晕恐怖分子。人质被解救以后，在最善意的气氛中，德国总理施密特和英国首相卡拉汉之间取得了理解。1977年10月25日，欧共体的研究部长会议作出最后决定，JET建在位于英国牛津南面的卡拉姆。

JET托卡马克的等离子体电流最初设计为3兆安，后扩展为4.5兆安。事实上，JET托卡马克（见图10.1）已被保尔·勒博特（Paul Rebut）（见图10.2）领导的设计组设计得非常好，电流可以达到7兆安。而许多早期的聚变实验装置没有达到它们的设计指标，颇受打击。JET的磁场由水冷铜线圈提供。为了尽量减小电磁力的效应，线圈是D形的。拉长截面允许等离子体比圆形截面有更大的体积和电流，又允许在里面装上偏滤器（见图10.3）。

供给JET装置磁体、加热和其他各系统需要的峰值功率为90万千瓦，相当于一个大电站很大一部分的输出量。直接从国家电网输出如此巨大的电功率脉冲必然会给其他用户造成副作用。于是，为JET配置了两个大的飞轮发电机组，其转子重达775吨，在托卡马克放电脉冲间隙用一个功率小一些的电动机带动飞轮提速，把能量储存在转子中，当转子绕组接通，转子的动能即转换成电能。每个飞轮发电机的转速降至一半需要几秒钟，峰值功率为40万千瓦，释放能量2 600兆焦耳，然后直接接到输电线路上加速电动机。

欧共体决策设计这个大托卡马克招致美国的快速响应。虽然美国人动手设

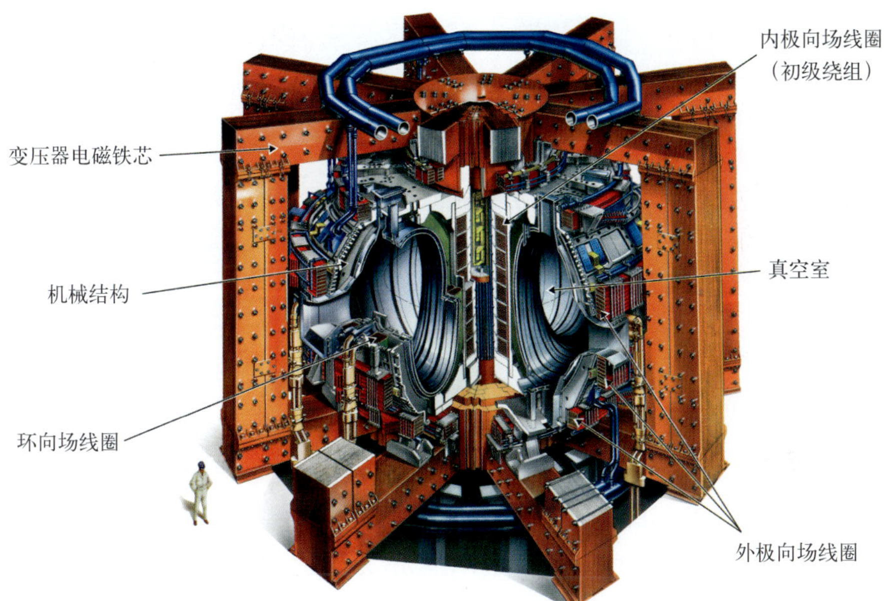

图 10.1 JET 托卡马克剖面模型

显示铁芯变压器、磁场线圈和真空室，等离子体在真空室形成。JET 作为欧共体聚变计划的旗舰装置依然是世界上最大的托卡马克

图 10.2 保尔－亨利·勒博特（Paul-Henri Rebut）

1973—1978 年任 JET 设计组组长，1978—1987 年任 JET 领导副职，1987—1992 年任 JET 领导正职，1992—1994 年担任 ITER 的领导

计他们的托卡马克聚变试验反应堆（TFTR）稍微晚了些，但他们的设计做得很快，并把地址选在普林斯顿大学。TFTR 装置（见图 10.4）的等离子体截面是圆的，其尺寸略小于 JET，但磁场较高。苏联方面则宣称计划建造一个大型托卡马克，设计名称为 T-20。由于优先发展其他科学领域，在托卡马克研究方面他们开始落在后面，后来他们决定建造一个较小的托卡马克装置 T-15。日本建造了一个大托卡马克，等离子体电流 2.7 兆安，称为 JT-60。该装置在 1985 年 4 月投入运行，是几个大托卡马克中最晚的一个，几年之后又做了大的改进，称为 JT-60U，改进后的性能与 JET 相当。图 10.5 把三个大托卡马克——JET、

图 10.3 JET 装置真空室内广角视图

该照片摄于 1996 年。装置大部分内表面用石墨覆盖。
偏滤器位于底部环向狭槽内,工作人员身着防护服正在真空室内做维修工作

TFTR 和 JT-60U 的尺寸作了比较。这三个装置的研究人员之间热火朝天的竞赛起了有力的促进作用，他们始终保持合作，交流思想和信息。

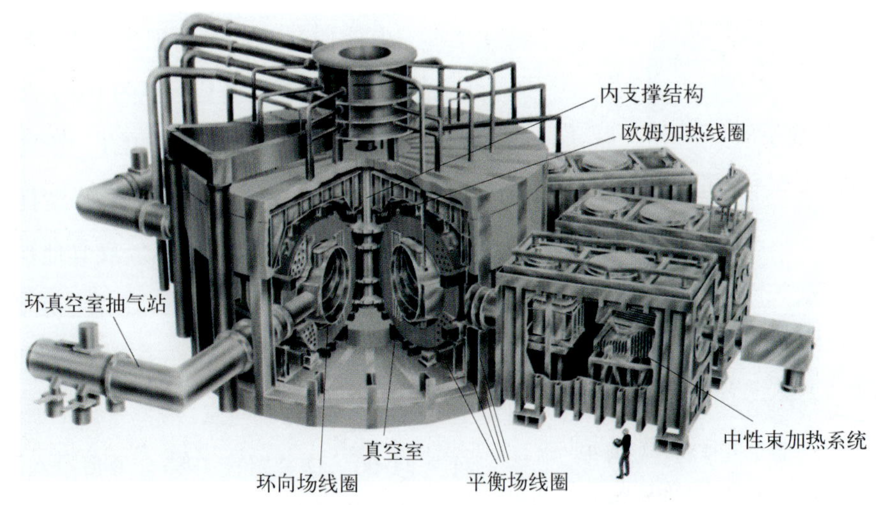

图 10.4 美国普林斯顿的 TFTR 托卡马克剖面模型

显示了磁场线圈、真空室和中性束加热系统。直到 1998 年关闭前它是美国聚变计划中最大的托卡马克

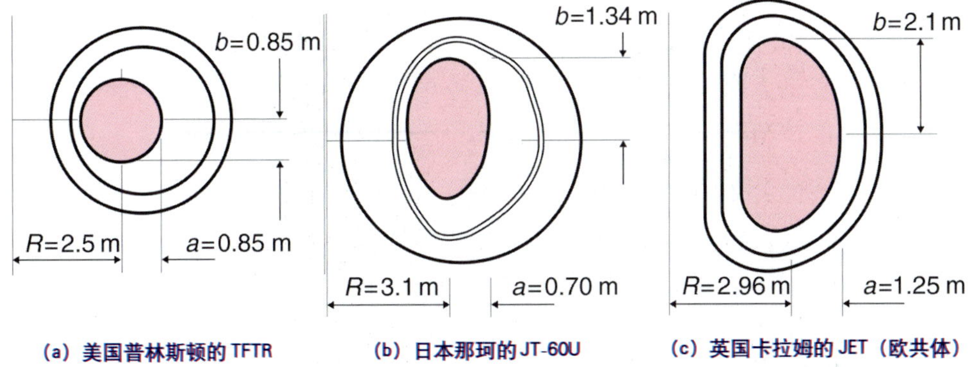

(a) 美国普林斯顿的 TFTR (b) 日本那珂的 JT-60U (c) 英国卡拉姆的 JET（欧共体）

图 10.5 20 世纪 70 年代建造的三个大托卡马克规模比较

演示了聚变功率随着装置尺寸增大而增高，并且获得尽可能接近有净聚变功率输出的条件

10.2 向高性能参数推进

TFTR 托卡马克经过紧张的设计、施工，终于在 1982 年平安夜，氢气注入真空室，磁场线圈通电，实现了首次运行。大约在6个月之后，1983年6月，JET 也投入首次运行。很快，JET 和 TFTR 表明，它们能在几兆安培电流下可靠地运行，远大于已往的托卡马克的电流记录（见附注 10.1）。在托卡马克上巨大的冒险投入终于得到了回报。这些新装置的脉冲长度比过去较小的装置长许多；通常，JET 放电脉冲持续 10～20 秒，某些情况下可超过 1 分钟（见附注 10.2）。能量约束时间增长也很显著，已往的装置使用毫秒为单位，现在的新型大装置的能量约束时间可用秒做单位了。至少，约束时间已进入了点火所需要的范围，这在聚变研究历史上竖起了一块大的里程碑。

附注 10.1 运行极限

托卡马克的等离子体电流、密度和比压（等离子体压强与磁压强之比）都有极限值。破裂（见附注 9.1）通常确定电流和密度极限；其他的不稳定性规定了比压极限。

保守的*电流极限*等效于 $q_a>3$，这里 q_a 是参数 q（称为安全因子）在等离子体边缘的值。q_a 值取决于等离子体小半径、大半径、垂直拉长度 κ、环向磁场 B 和等离子体电流 I。近似地有，$q_a \propto (aB/I)(a/R)\kappa$，从公式看出，最大电流要求环的垂直拉长度 κ 大，胖环，即 a/R 大。大部分的反应堆设计努力争取这些几何因子尽可能控制在工程和物理限制之内——典型值为 $\kappa \approx 1.8$，$a/R \approx 1/3$。于是，I/aB 近似等于常数（对于 JET 和 TFTR，$q_a \approx 3$，I/aB 典型值约为 1.4，单位为 MA，m 和 T）。电流最大值 $I \propto aB$，并随等离子体小半径和环向场递增而增加（但大型超导托卡马克的最大磁场有个极限，大约 6T）。

*密度极限*是从大量实验数据的经验确定的。一般使用格林瓦尔德（Greenwald）极限给出线平均电子密度极大值（该值接近但不是精确的等于平均密度）$n_G = I/\pi a^2$，式中密度的单位是 $10^{20}\,m^{-3}$，电流的单位是 MA。这个式子还可以写成 $n_G = (B/\pi a)(I/aB)$，显示出其与磁场（$n_G \propto B$）和等离子体半径的关系（$n_G \propto 1/a$）以及 I/aB 近似为常数。值得注意的是，上述密度是电子密度的上限，还有一点必须看到，贡献了大量电子的杂质离子会稀释燃料离子密度（见附注 9.6）。

*比压极限*由大量的等离子体稳定性计算确定，并与实验结果符合得很好。比压通常又写成平均值 $\beta(\%) = \beta_N (I/aB)$。当今托卡马克比压的典型值范围 $3 < \beta_N < 4$，相应于 β 值为百分之几。但是，在 ITER 中新经典撕裂模使比压值更低 $\beta_N \approx 2$。

JET 和 TFTR 运行头几年只用等离子体电流进行欧姆加热。电子温度高于已往小实验装置预言值，达到 5 000 万摄氏度，但仍然远低于聚变堆的要求。加热系统根据小托卡马克结果修改了若干次，在几年中分阶段加入实验并逐渐升级。最终，每个大托卡马克具有超过 50 兆瓦的加热容量。JET 装置的加热系统，中性束加热和射频加热功率大体相当，TFTR 和 JT-60 的中性束加热比例高一些。等离子体温度达到目标值 2 亿摄氏度；TFTR 的温度更高，达到 4 亿摄氏度。但是，如小托卡马克装置一样，温度升高之后约束变坏。

附注 10.2 脉冲长度和约束时间

有必要澄清托卡马克放电脉冲长度与约束时间之间的差别——这些物理量有时在通俗报道中容易混淆。*脉冲长度*是指等离子体整个存在时间，通常是由磁场、等离子体电流和等离子体加热系统等技术水平决定的。目前的实验装置的脉冲长度通常持续几十秒，某些超导托卡马克（见第 11 章）可以更长些，达到几分钟。本章下面要讨论的 ITER 的脉冲长度是 400 s，聚变电站的脉冲长度要达到几十小时或若干天。

*约束时间*是粒子（离子和电子）或能量在等离子体中可以停留的平均时间，一般来说比放电脉冲长度要短得多。粒子约束时间通常比能量约束时间长一些，因为等离子体能量损失是通过热传导和热对流实现的。能量约束时间是进入点火条件（见附注 4.3）的一个重要的量，定义为 $\tau_E = E/P$，式中 E 是等离子体总粒子运动（热）能（$E \approx 3nkTV$，式中，n 和 T 分别为平均密度和温度，V 是等离子体体积），P 为注入（或离开）等离子体的总功率。当等离子体处于稳态热平衡时，输入功率（来自外部加热和 α 粒子加热）等于输出功率。ITER 具有 $\tau_E \approx 3.7$ s，这是根据现有托卡马克实验结果适度外推得到的（见附注 10.4）。

有许多途径可以改善约束时间。德国的 ASDEX 托卡马克已经找到称为 H 模的条件，当中性束加热结合偏滤器运行时，能量约束时间有了重大改善。JET 托卡马克没有设计偏滤器，幸好其 D 形真空室的空间允许补加上偏滤器。第一个偏滤器在1986年利用外磁场线圈临时凑成。但实验结果却给人留下了深刻印象，创造了 $nT\tau_E$ 三乘积值两倍于已往最好的记录（密度 × 温度 × 能量约束时间，见附注 4.3）。JET 科学家们由此受到鼓舞，开始着手设计和安装专门用途的偏滤器。TFTR 圆形截面真空室无法沿着JET的技术路线走，但是普林斯顿的科学家们认为他们可以通过仔细锻炼真空室器壁和使用强中性束加热的方法获得给人深刻印象的成果。接下来的几年里，这两个装置上都获得了令人鼓舞的科学结果，$nT\tau_E$ 三乘积的最高值已超过点火要求目标值的五分之一。

三个大托卡马克中，JT-60是惟一的设计有外置偏滤器的装置，它在首次运行的位形中占据了大量空间，严重限制了最大等离子体电流。为了安装一个新的偏滤器，JT-60装置于1989年关闭。利用其早已很大的环向场线圈的优点，JT-60作了实质性的改造，允许等离子体电流增加到6兆安。改造后的新装置称为JT-60U，于1991年3月投入运行。当JET和TFTR把他们的注意力投入到氚等离子体运行时，JT-60U却留下来研究氘等离子体性能。

10.3 氚运行

直到现在，聚变实验避免使用氚，氘等离子体几乎是唯一的实验对象。这样做大大减少了由于中子轰击托卡马克结构引起的放射性累积，使得装置容易维修和升级。但是，获得氚等离子体的真实运行经验是非常重要的。TFTR和JET这两个装置对此都有打算，他们用水泥加厚了装置大厅的墙以保护人身安全，并为日后用远程操纵工具作装置维护做了充分准备。已经获得的氘等离子体鼓舞人心的成果推动着这些计划前进。

1991年11月，JET成为第一个使用氘氚混合等离子体实验的托卡马克装置。大部分JET人员在控制室里作这个激动人心的实验。首先试验的氘等离子体中只有1%氚浓度，用来检验测量系统。当氚浓度升高到10%，峰值聚变功率升至稍高于1 000千瓦(1兆瓦)。最后在该装置上清楚地演示了巨大的受控核聚变功率——足够数百个家庭取暖，尽管只有1秒钟左右。这些结果与由已往的氘等离子体实验外推的结果十分接近。计算表明，如果使用50%的氚，可以得到5兆瓦功率输出。但是，为了使更换新偏滤器的工作容易些，这一步计划推迟了好几年。

TFTR的研究团队没有落后太远，1993年11月他们往自己的装置里注入了氚，并且很快将氚浓度升高到50%。自1993—1997年强化实验期间，TFTR聚变功率上升到超过10兆瓦。1997年JET又回到做氚的实验，使用了新的偏滤器，允许聚变功率输出达到新的记录16兆瓦，持续时间几秒。这些实验还不是自持聚变反应，因为它需要25兆瓦外部加热。将各种瞬时效应考虑在内，计算得到的核聚变功率与有效的输入功率之比接近于1——这就是长期寻求的得失相当的条件。图 10.6 显示 JET 和 TFTR 氚实验结果的概要。

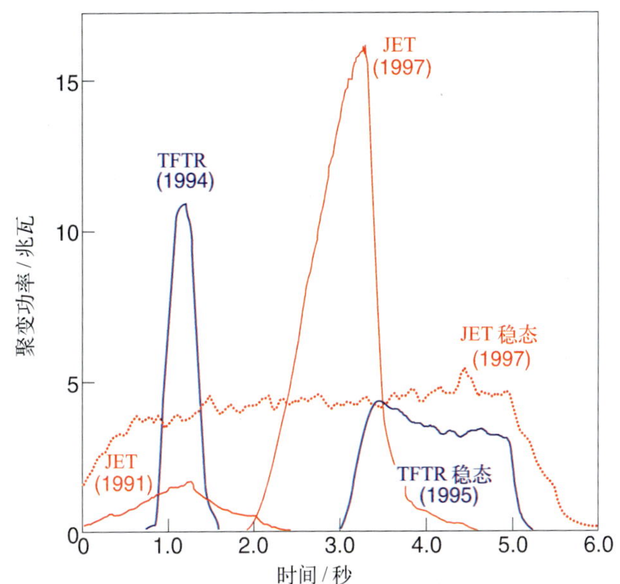

图 10.6　1991—1997 年期间 TFTR 和 JET 托卡马克氘氚燃料产生核聚变功率的比较

峰化功率等离子体持续 1~2 秒，比低输出功率等离子体的持续时间长得多

TFTR 和 JET 的氚实验给出了重要的科学成果，直接演示了聚变功率。观察到来自氘氚反应的高能阿尔法粒子对等离子体的加热。在 JET 装置上，阿尔法粒子加热功率为 3 兆瓦，而中性束外注入加热功率为 20 兆瓦。虽然还没有达到自持反应，但这是一个对阿尔法粒子加热原理的令人鼓舞的演示。人们曾经有过的担心，某些不能预料的效应可能引起的高能阿尔法粒子的损失快于它们的加热等离子体。但是，令人鼓舞的数据表明，氚的能量约束时间稍好于氘。JET 试验了用于托卡马克的第一个闭路循环的大规模供应和处理氚的工厂，未经燃烧的氚可以重复使用多次。

10.4 聚变电站的定标关系

受到许多小实验支持的三个大托卡马克装置使磁约束达到非常接近聚变所要求的条件。这些成果已经稳定地跨越了早期俄罗斯 T-3 托卡马克 1968 年的实验记录，目前$nT\tau_E$三乘积（见图10.7）已经增加了三个量级还多，已超过点火需求值的五分之一。个别的托卡马克的温度和密度已经达到或超过了点火的要求值。为了运行方便，大部分装置的实验结果是在氘氘等离子体得到的，外推到氘氚等离子体，只有JET和TFTR走到了前面，因为它们是用氘氚等离子体做的实验。

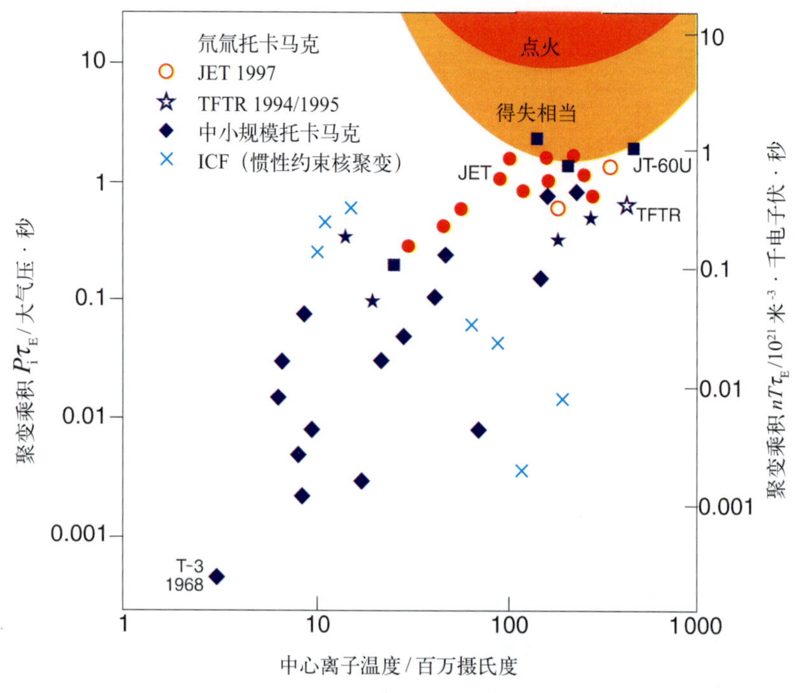

图10.7　受控核聚变目标进程图示

图中每一个点指出自1968年苏联T-3托卡马克最早发表的数据以来几十年内各个装置达到的结果。水平坐标是离子温度，垂直坐标是$nT\tau_E$乘积。JET、TFTR和JT-60U的数据已经非常接近右上角所标出的点火条件

聚变科学家们在许多较小装置实验数据的基础上将等离子体的能量约束时间和其他关键参数外推到ITER规模的等离子体。由基础等离子体理论难以计算真正的粒子扩散和热传导。虽然托卡马克等离子体能量损失的基本过程是知道的，正如附注10.3所解释的，但是，物理问题是如此复杂，因此实际的损失率不可能用精确的计算取代经验数据。这个问题在某些方面类似于评价一块钢

的强度——不可能从基本原理做可供实际使用的足够精确的计算。工程师们为了造桥需要知道钢的强度，他们真实地测量了小的样品的强度，然后利用他们有关钢材强度与其长度和截面的关系的知识，做出定标关系，于是得到了大尺寸钢材的强度。相似的方法用于等离子体的定标研究，选定关键参数并把约束时间对这些参数的依赖关系量化（见附注 10.4）。图 10.8 给出了从当今托卡马克实验到聚变电站的能量约束时间经验定标。这张图是根据很宽范围的实验数据，花费长时间精制而成的，这个经验方法得出的约束时间定标具有相当的可信度。

附注 10.3 对约束的理解

对称圆柱磁场位形（见附注 5.1）中的简单的经典扩散理论给出的扩散系数形式为 ρ^2/t_c，其中 t_c 为粒子之间碰撞的特征时间，ρ 为粒子在纵向场中的拉莫尔半径。推广到环向系统称为*新经典理论*，其中考虑了带电粒子在环内的复杂轨道。本质上，相关的步长由极向磁场决定。新经典理论已经发展到很细的程度，被认为是可信的——但是它给出的扩散系数一般小于实验值。曾试图改善理论来消除与实验结果的差异，但未能成功。现在大家接受的看法是，新经典理论描述的是一个扩散的低限值，它通常由于某种形式的小尺度湍流导致的较大的损失而变得无足轻重。

尽管全世界所有的聚变研究计划都作了很大的努力，但从实验上去鉴别这些涨落或从理论上去模拟它们都被证明是非常困难的。研究在不同的等离子体参数区域中，影响不同的等离子体输运（粒子扩散，热传导等）的不同的湍流是非常复杂的问题。这些湍流相互作用，彼此影响。因此，一个简单的湍流理论（有许多这样的理论）是不能提供对适用于整个等离子体的可靠的模型的。在已往的几年里，在理解这些过程，特别是学会如何在实际上为改善约束而影响和控制扰动方面已有了令人振奋的进展。一个例子就是，为了产生和优化所谓的内部输运垒而控制等离子体电流和径向电场分布。

为了处理理论问题，有必要解一组高度非线性方程（回旋动力学方程）去描述等离子体在非均匀磁场中的行为。在饱和湍流状态（涉及高度非线性系统物理学其他分支的共同的问题）解这些方程特别困难。可以做扰动的定性模型，但是定量估计扩散率要困难得多。

一个可供选择的计算逼近的办法是跟踪等离子体中所有的各个粒子的运动轨迹，考虑粒子的运动方程和相互的电磁作用。这就是所谓的“粒子胞”的方法。由于电磁力的长程特性，意味着每个粒子事实上与等离子体中所有其他粒子相互作用——这就要解大量的每个时间段的耦合方程。当前最强有力的计算机对计算在高湍流状态以获得足够精度的扩散系数方面也是无能为力的。

附注 10.4 经验定标

由于对约束（见附注 10.3）缺乏一个适当的理论理解，只能依赖经验的方法去预言未来实验的性能。人们对很宽范围内不同条件下的托卡马克装置的数据用统计方法加以分析，确定了物理量之间的关系。比如，能量约束时间与电流、加热功率、磁场和等离子体尺寸之间的关系。

1984 年罗伯特 · 戈德斯通（Robert Goldston）为中性束加热的托卡马克提出了一个著名的定标模型。戈德斯通建议 $\tau_E \propto 1/P^{0.5}$，其中 P 为加到等离子体的总加热功率。通过20年比初期研究的等离子体尺寸范围更大的对比研究并引入了其他加热方法，发现这个加热功率的指数近似值具有适度的可调性。

ITER 定标（见图 10.8）是根据广泛的世界领先的托卡马克约束研究数据库建立的。在这个能量约束时间的定标式子里，约束时间强烈地依赖于功率（$\tau_E \propto 1/P^{0.65}$）和等离子体电流（$\tau_E \propto I^{0.9}$）以及等离子体尺寸、磁场和其他参数。但是，公式里使用了加热功率和电流可能令人误解，因为这些参数还依赖于定标式里其他参数。例如，等离子体电流、小半径和磁场之间相互关系为 $I/aB \approx$ 常数（见附注 10.1），P 可以用 τ_E、密度和温度（见附注 10.2）表达。一个 τ_E 的修正的形式引入隐含的等离子体温度表达式（$\tau_E \propto 1/T^{1.25}$），这个式子把托卡马克点火优化温度降到 10 keV 左右（见附注 4.3）。

约束时间定标可以和最大密度的经验极限（见附注 10.1）一起代入聚变三

乘积的表达式，当 I/aB 和 a/R 保持常数时，它表示为 $nT\tau_E \propto a^2B^3$。显然，增加等离子体半径，在尽可能高的磁场下工作是达到点火的关键一步。当然，在优化设计聚变电站时，还有许多其他参数需要考虑，但是，这些因素超出了上述简单计算的范围。

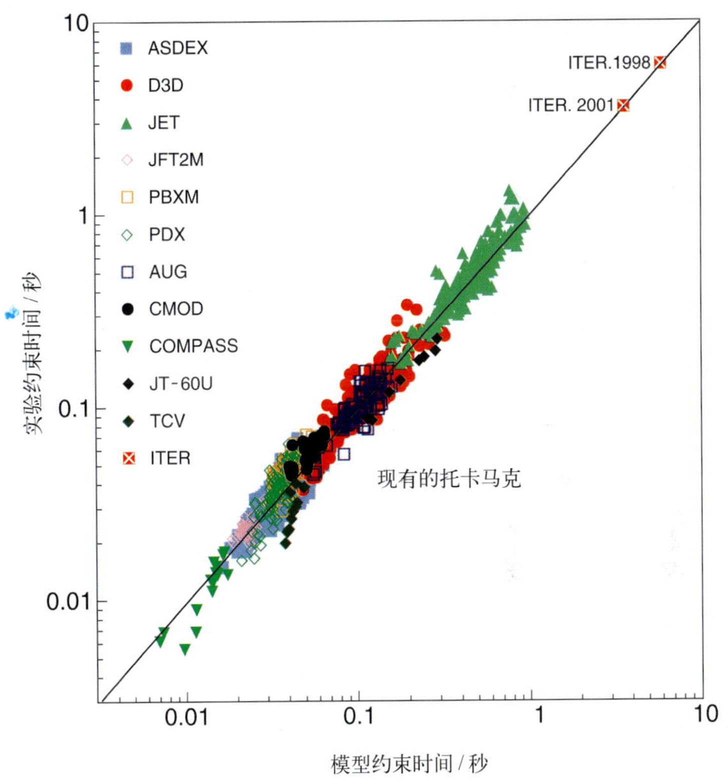

图 10.8　世界主要聚变计划的托卡马克的实验数据

显示了约束时间与物理参数的定标关系。
这个定标可以预言，现在的 ITER 设计约束时间为 3.7 秒，早期设计的为 6 秒

10.5 下一步

预期达到基于托卡马克概念的商用聚变电站（见图 10.9）的目标要通过三大步。第一步——证明聚变的*科学可行性*——三个大托卡马克 TFTR、JET 和 JT-60U 已经做到。*下一步*，为了证明聚变的*技术可行性*，需要建一个具有聚变电站所需

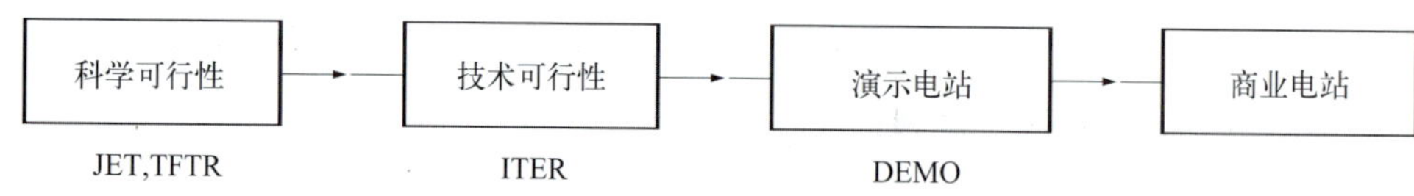

图 10.9 聚变发电发展规划概况

的大多数技术特征（超导线圈、氚生产；见第 11 章）的更大规模的装置（比如 ITER）。第三步，暂时称其为*示范堆*（*DEMO*），将建造一个全尺寸的原型聚变电站能生产日常电力，可靠地证明聚变具有*商业可行性*。按 20 世纪 70 年代制定的规划的目标，“*下一步*”目标应从 20 世纪 80 年代开始，示范堆阶段要在 21 世纪初期开始运行，后因各种原因推迟了。

回到大托卡马克已投入建造的 20 世纪 70 年代末，当时下一个任务是如何设计下一代装置。美国、苏联、欧共体和日本的科学家们都在设计他们自己的装置。在一位俄罗斯科学家带头人耶夫根尼 · 维利霍夫的建议下，他们在一起合作研究被称为 INTOR 的计划，意为国际托卡马克反应堆。在确定聚变电站许多技术问题，并开始去解决这些问题等方面，INTOR 做了颇有价值的工作。但是，INTOR 缺乏详细的物理细节，这也难怪他们，因为当时三个大托卡马克尚处于建造阶段，从现有的小托卡马克外推到反应堆是不现实的。从这些小托卡马克来估计，INTOR 设计的等离子体电流为 8 兆安左右。不过在这项研究做完前人们已认识到这个电流太小了，因为等离子体电流至少需要 20 兆安。

并非所有的聚变科学家都同意基于大托卡马克的聚变能开发的战略路线。某些科学家试图寻找更快、更省钱的途径，他们将聚变工程技术问题和聚变物理问题分开，试图用较小的实验去研究达到点火的目的。途径之一是具有极强磁场的托卡马克，它允许较高的等离子体电流被压缩到小物理尺寸内的等离子体中（见附注 10.1 和附注 10.4）。这种途径的问题之一是所需磁场太高，以致相应的超导磁体材料和技术不能直接用到聚变电站。该途径的积极参加者辩解道，如果这个途径点火成功，将会引导人们探索许多相关的物理课题，极大地推进对聚变的信心。沿着强场点火的途径已做了很多实验设计，但最后只建成一个装置。俄罗斯在莫斯科附近的一个研究所建立了一个强场托卡马克，并于 1991

年投入运行。最后，因技术问题和资金短缺，没有达到预期的全部性能。强场点火实验的建议在美国和欧洲仍然在讨论着，但至今未能获得支持。

除了建造ITER，较小的托卡马克和其他约束途径的研究仍然是未来计划的一部分。小的装置提供了探索各种各样新思想的机会，一旦试验成功，可以随后扩大规模再试。探索路线之一是所谓的*球形环*，托卡马克概念被压缩成拉长的胖环，大环半径与小环半径之比近似等于1。这种位形允许在较低的磁场和较高的比压下运行（见附注10.1）。虽然还可说出其他的优点，但这条路线的研究尚处在早期阶段，距可信赖的电站建造还远。可替代托卡马克的另一个位形是仿星器，一个新的实验装置称为*大型螺旋器装置*（*LHD*），于1999年投入运行并获得了鼓舞人心的成果。另一个大仿星器，W7-X，正在德国建造，预期在2010年建成。这些和其他创新的思想使人相信它们可能有优于托卡马克之处，也许能应用于下一代聚变电站。但是，要等到这些思想成熟到与大托卡马克相同的阶段，那将会使聚变研究进程推迟几十年。

10.6 ITER

INTOR已经建立了下一代装置国际合作的前景。在1985年夏季日内瓦会议上，苏联领导人米哈伊尔·戈尔巴乔夫（Mikhail Gorbachov）向美国总统罗纳尔德·里根（Ronald Reagan）建议通过国际合作进一步设计和建造托卡马克。美国同日本、欧共体磋商，各方积极响应并同意着手ITER计划的设计。ITER（发音"依特儿"）具有双重意义，首先它是国际热核聚变实验堆的首写字母缩写词，另一个是拉丁字，意思为"路"。尽管并未签署任何正式的协议，但与早期的研究相比，ITER表现出来的一个重要特征是，设计时已被认定是一个将要建造的装置，虽然当时的协议中并未做这种正式承诺。必须既要研究实际的设计问题，又要解决技术难题，而不能仅做一个方面的事。

ITER的设计概念始于1988年，到了1992年按第二份协议开始进行详细设计。这个阶段由ITER参加方各国科学家和工程师组成的专职*联合中心组*全日进行工作，并得到许多兼任这项研究工作的所谓"*国内组*"的支持。中心组应该设在哪里缺乏一致的意见，折衷的决定是把中心组分割成三块（美国的圣迭哥，德国的慕尼黑，日本的那珂），在政策层面上显露出早期犹豫不决的迹象。

尽管如此，ITER计划带着相当大的狂热往前推进，详细的技术目标定了下来。作为一个下一步装置，ITER要试验和演示聚变电站的关键技术，包括超导磁体和氚增殖，以及探索所有点火等离子体的新的物理问题。现阶段托卡马克实验结果可以预言点火的要求，ITER 要求等离子体电流大约为 20 兆安，能量约束时间大约6秒。ITER是一个带偏滤器的托卡马克，类似于JET和JT-60U的D形截面，其物理尺寸大约是现有大托卡马克的 3 倍。建造周期计划为 10 年，耗资约 60 亿美元。这项设计由专家们各自独立地审查和检验，他们全都相信ITER 能够并应当建造。

时间进入 1998 年，到了签协议建造 ITER 的阶段。苏联政权的解体意味着像ITER这样的计划不再会被作为东西方合作的范例得到支持。现在必须作为一种新能源以其自身的价值来审视。虽然有许多关于环境问题的报告，但全球变暖以及未来燃料短缺的预期并未对开展寻找替代能源的基础研究有多大影响。

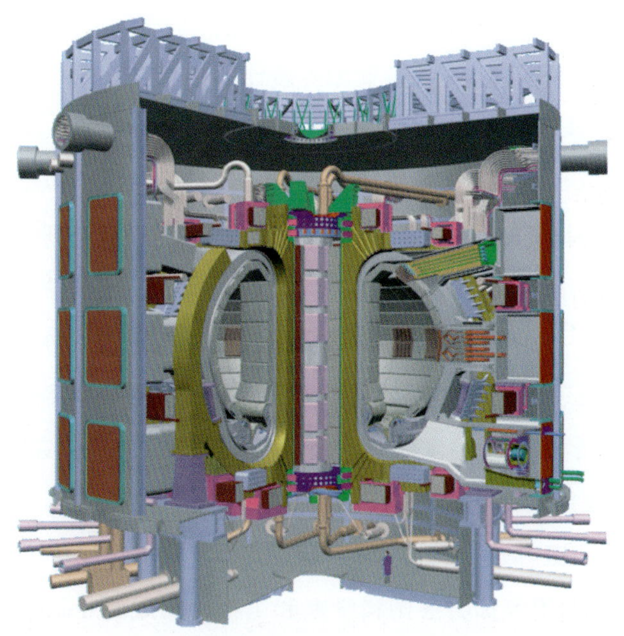

图 10.10 建议的国际热核聚变实验堆（ITER，2001 年）剖面模型

事实上，政府能源研究的拨款，包括聚变，在实际意义上是下降的。在美国，危机出现了，大幅削减研究经费的结果是美国退出 ITER 的合作项目；日本、欧洲和俄罗斯继续支持ITER。虽然日本经济在前几年似乎没有受到影响，但后来也遇到困难。俄罗斯正处于经济危机中，欧洲尚未决定当领头羊。如果 ITER 全部保留原设计，要么只有往后拖延等到政策有改善，要么减小装置尺寸来削减造价。

附注 10.5

ITER 的主要参数

经过修改的 ITER 设计方案（2001 年）的主要参数如下表。

参　数	符 号	值	单 位
等离子体大半径	R	6.2	m
等离子体小半径	a	2.0	m
等离子体体积	V	837	m^3
环向磁场（在等离子体轴上）	B	5.3	T
等离子体电流	I	15	MA
拉长度	κ	1.86	
平均等离子体压强 ／磁压强	β	2.5%	
归一化比压	β_N	1.77	
平均电子密度	n	1×10^{20}	m^{-3}
平均离子温度	T	8	keV
能量约束时间	τ_E	3.7	s
α 粒子加热功率		82	MW
外部加热功率		40	MW
聚变功率		410	MW
能量倍增因子	Q	10	

2001 年公布了 ITER 修改后的设计方案（见附注 10.5），图 10.10 示出了装置的剖面图。等离子体电流为 15 兆安的条件下，它的尺寸为修改前的 75%。基

于当前的数据，尚不足以达到点火指标，等离子体加热系统应始终保持开启状态——但40兆瓦的加热功率会产生400兆瓦聚变功率。ITER将为全尺寸聚变电站提供一个可靠的技术和以阿尔法粒子加热为主体的等离子体物理的试验平台。如果现在其他托卡马克做的实验是成功的，那么减小尺寸的ITER也可能更接近点火条件。

2001年加拿大提出将ITER建在多伦多附近安大勒湖边，又向建造ITER的目标迈进了一步。加拿大的提议吸引人之处是，其核电站生产的氚是副产品。日本提议把ITER建在本州岛北部的六所村，欧共体则建议设在法国南部埃克斯城附近的卡达拉奇（Cadarache）。继欧洲、日本和俄罗斯成员国之后，中国和韩国加入到ITER中。此后，美国也返回到ITER。许多ITER的细节问题，诸如成员国之间如何分担建造经费、确定ITER的选址等，希望能在2004年之前取得一致。如果这一切被认可并于几年后开始建造，ITER将会在10年内建成。

第 11 章

聚变电站

11.1 早期的计划

基于磁约束的聚变电站的研究早在1946年就开始了，随之有乔治·汤姆逊的专利申请，本书第5章曾作过介绍。几年以后，安德烈·萨哈罗夫在苏联思考氘燃料聚变，而拉曼·斯必泽在美国讨论基于仿星器的系统。这些创新开启了聚变研究的进程，但由于当时没有人知道如何约束或控制热等离子体，聚变研究进程未能有所进展。20世纪60年代末，磁约束问题可望解决的信心得到增长，这促进了聚变电站课题的重新活跃。普林斯顿的鲍勃·米尔斯（Bob Mills）、洛斯阿拉莫斯的弗雷德·里布（Fred Ribe）、麻省理工学院的大卫·罗斯（David Rose）和卡拉姆的鲍伯·卡罗瑟斯（Bob Carruthers）及他的同事们都在关注建造聚变动力电站会涉及什么，并明确了一些必须要解决的问题。此后聚变电站设计成为磁约束聚变计划的一个特色。由威斯康星大学、加州大学洛杉矶分校、圣迭哥分校以及其他美国研究机构合作开展的爱里斯计划（ARIES）系列研究（主要是磁约束，但也有一个惯性约束电站研究）作出了特殊的贡献。聚变电站设计的一些方面对磁约束和惯性约束是共同的，但也有一些显著的不同，这在后面会讨论到。

11.2 聚变电站的几何形态

聚变电站将由一系列同心的层所组成，略像洋葱的多层结构（如图11.1所示）。洋葱的概念对于惯性约束电站特别合适，因其拓扑几何是球形的，而在托卡马克磁约束电站，其层次是环形的并呈D形的截面。燃烧等离子体形成芯部，而围绕它的物质表面称为*第一壁*。其外面是*包层*，接着是中子屏蔽、真空室、磁场线圈（对磁约束的情况）和二次屏蔽，以便将辐射降低到对附近工作人员安全威胁非常低的水平。

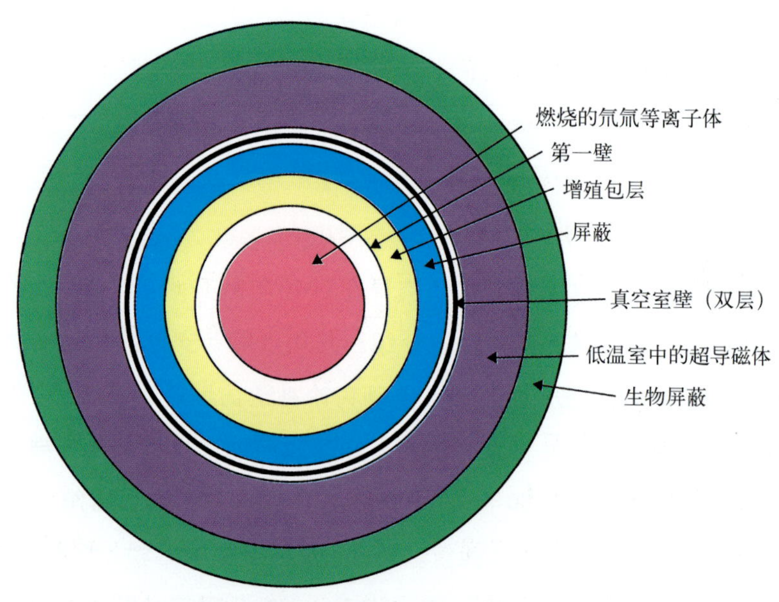

图11.1 聚变电站概念设计截面图

功率从包层中提取用以驱动汽轮机和发电机，如图1.2所示。
为表示方便，截面呈圆形，这是对惯性约束的情况。而在托卡马克中，它可能是D形的。惯性约束无需磁体

在第一壁上典型的平均功率通量为每平方米数兆瓦（兆瓦 米$^{-2}$），但重要的是要记住，来自氘氚反应功率的80%是由中子携带的，中子通过壁时没有在壁上沉积多大的功率。中子在包层区中慢化，将其主要的能量沉积在首个约半米

深的区域内，确切的沉积深度取决于增殖和结构材料的组成。20% 的 DT 聚变能是以阿尔法粒子能量释放的，并转移给等离子体。在惯性约束电站中，等离子体的全部能量以高能粒子的形式沉积在第一壁上。在磁约束电站中约有一半等离子体的能量沉积在偏滤器中。如果沉积是均匀的，在第一壁上典型的热通量将小于每平方米 1 兆瓦。因此第一壁、包层和偏滤器会变热而需要用高压水或氦气来冷却，通过这种方式将聚变功率提取出来并转化成电力。主冷却剂流过热交换器并产生蒸气，和常规电站一样，蒸气驱动汽轮机和发电机。聚变电站的经济运行要求高的热通量和热效率，因此要求高的运行温度。在这些条件下运行，结构材料会变形，这很可能成为制约材料选择的因素。

高功率通量使第一壁面向等离子体表面的力学和热设计受到苛刻的制约。由于面向等离子体的表面受到离子和辐射的侵蚀，问题变得更为复杂。必须使用能抗侵蚀和导热良好的材料，这就限制了用于这些表面的材料的选择。对于磁约束，偏滤器靶板问题是最严重的，它承受到高度集中的热通量（见附注 11.2）。惯性约束的脉冲运行则对容器提出特殊的问题。

磁约束电站的环形结构的特征是，其内部的环形层逐次被外部环形层所包围，因而维护和修理将很困难，这在设计阶段必须考虑到。球形结构使惯性约束电站的维护比较简单，至少在原则上是这样。这二者的包层和第一壁都要有通道用于加热、抽气系统以及诊断。在电站的运行寿命期中一些部件需要定期地更换。对于磁约束和惯性约束二者，环绕等离子体的结构将带有放射性。电站运行以后，不能采用人工操作，所有这类工作必须由远程控制机器人来进行。一些相关技术正在发展并在现时的实验装置，例如 JET 中进行了试验。

11.3 磁约束聚变

在第 4 章和第 10 章讨论过，等离子体尺寸要足够大才能够达到点火要求，这项要求设定了磁约束聚变电站的最小尺寸。基于 ITER 的定标（见附注 10.4），托卡马克电站的最小规模，其物理尺寸将略大于现在的 ITER 设计（见附注 10.5），其热功率输出约为 3 吉瓦，相应于 1 吉瓦的电力输出。

磁约束和惯性约束之间的一个重要差别是磁场。大多数磁约束实验装置采用水冷却铜线圈。当定标至ITER的尺寸，铜线圈会消耗电站产出的大部分电力，电站的净输出会减少。答案是采用*超导线圈*——由特殊材料制成，当其冷却至非常低的温度时没有电阻。一旦激励后，超导磁体将连续运行，而所需的电力仅用于维持线圈低温的冷冻机。目前的一些托卡马克已采用超导线圈建造，包括维持等离子体长达几个小时的日本的托卡马克TRIAM，法国卡达拉奇的Tore Supra，以及俄罗斯和中国的托卡马克。在韩国，一个新的超导托卡马克即将建成。日本还运行着一个大的超导仿星器，另一个正在德国建造。现时的超导材料需要用液氦冷却到非常低的温度，但现代超导技术可以用能在较高温度下运行的材料制造磁体，使构造大为简化。对超导线圈必须屏蔽住中子（见附注11.1），因此要把它布置在包层和中子屏蔽的后面。包层和屏蔽的径向厚度约需要2米，以将中子通量降低至允许的水平。中子通量的绝对数值主要取决于在第一壁上的功率通量。中子通量在经过包层和屏蔽后减弱几个数量级，如图11.2所示。

附注11.1 超导线圈的屏蔽

为了针对中子保护超导线圈，它们必须放置在包层和中子屏蔽的后面。部分以热的形式沉积在超导磁体中的中子的能量必须保持在严格的限度之内。为保持磁体处在非常低的温度，通常液氦冷冻机要消耗500倍于它从低温线圈排出的能量。冷冻机要用电站输出的功率驱动，这显然减少了电站可售的电量。考虑到转换聚变能的热电效率（通常为33%），为了保持冷冻机消耗的功率小于电站输出的3%，必须屏蔽住超导线圈使之受到的中子功率通量小于在第一壁上的2×10^{-5}。如果高温超导体能研发成大型的强磁场线圈，这个准则可以放宽。

另一个要考虑的因素是辐照对线圈部件材料的损伤。最重要的是超导体本身，以及常规导体如铜（引入它们是为了在失超的条件下稳定超导体）、绝缘体。超导材料耐辐照损伤的能力有限。高剂量辐照导致降低临界电流，超过临界电流时材料会从超导态逆转为常电阻材料。可允许的总中子剂量的上限约为每平

方米 10^{22} 个中子，相应于20年寿命期间平均通量约为每秒每平方米 2×10^{13} 个中子。虽然还需要进一步开展工作，对常规导体和绝缘体的损伤进行评估，但是有迹象表明，这些材料在由超导体自身标准决定的通量下应该是能让人满意的。

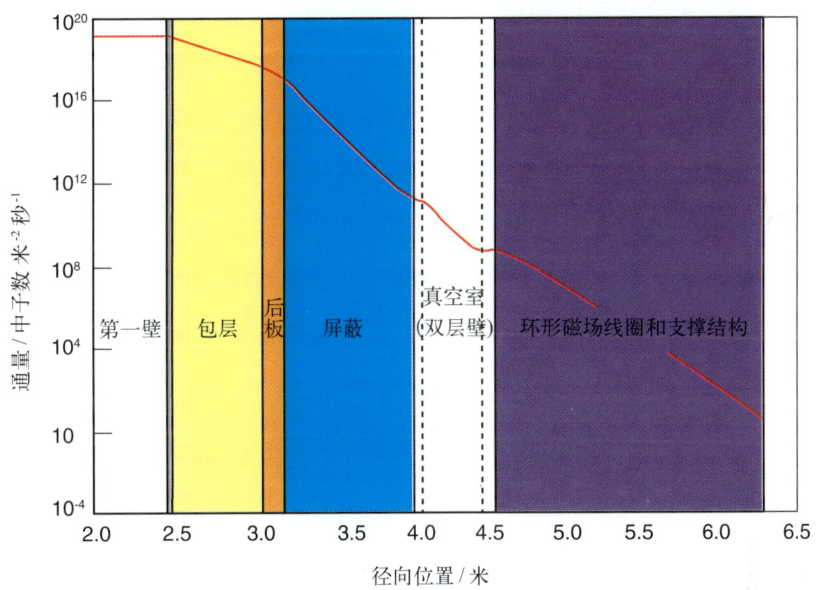

图 11.2 在典型的磁约束聚变电站中，第一壁上中子功率通量为 2.2 兆瓦 米 $^{-2}$ 时，计算得到的中子通量随小半径的变化

图上标出主要部件的位置。此设计为水冷却的锂铅增殖剂包层，计算基于欧洲聚变动力环境估计，模型 2，1995 年

由阿尔法粒子传输给等离子体的部分聚变功率，通过辐射相当均匀地沉积到第一壁上。如果全部等离子体功率损失能均匀地传输到壁上，0.5 兆瓦 米 $^{-2}$ 的通量相当容易应付，但是有一些原因使得难以辐射全部功率，部分功率必须经由偏滤器排出。在偏滤器靶板上局部集中的功率负载高（见附注11.2），这是设计托卡马克电站最关键的问题之一。阿尔法粒子在扩散出等离子体成为中性的氦气后，也经偏滤器排出。这些气体必须抽出，以避免积累浓度而稀释了氘氚燃料。通常认为等离子体中氦气最高浓度的上限约为 10%。

11.4 惯性约束聚变

惯性约束电站有三个主要部分：靶工厂、驱动器和聚变腔室。*靶工厂*（target factory）生产的靶丸将被*聚变腔室*（fusion chamber）中的*驱动器*（driver）压缩和加热，聚变能量在腔室中回收（见图11.3）。包层设计、热传输系统、屏蔽和发电厂都和磁约束聚变系统相似。惯性约束的重要潜在优点之一是：主要的高技术设备即靶工厂和驱动器能与腔室相隔开，从而便于维修。不过靶的操作系统和一些光学部件（包括窗口）必须安放在靶的腔室内，而会遭受到爆炸和辐照的损伤。惯性约束的脉冲特性造成在腔室内热应力和机械应力的一些特殊问题。每个靶丸爆炸的能量与数千克烈性炸药相当，靶室和包层必须经受住重复的热应力和机械应力以及靶丸爆炸时的冲击波。这种脉冲运行会导致金属疲劳和比在连续运行系统中更高的附加应力。一些聚变腔室的概念设计采用了在腔壁内的厚液体层或流动的颗粒层，以对腔壁加以保护。

附注 11.2 偏滤器中功率的掌控

磁场几何强制等离子体沿着磁力线运动，把功率沉积在偏滤器的靶板上，见图9.5。功率在靶上沉积区域的宽度取决于磁场几何形状以及等离子体固有的跨越磁场扩散——两个因素都趋于把能量沉积在相当狭窄的环形区域中，增大暴露在等离子体前面的区域的一个设计方案是倾斜偏滤器靶板至与磁力线夹成小的斜角。第二个方案是增大等离子体边缘的辐射份额来减小板上的功率通量。但是要辐射大量的功率，必须引入杂质。能够引入多少杂质冷却边缘而不冷却中心等离子体是有限制的。能够辐射多大功率份额而不引起等离子体的不稳定也是有限制的。

现时的惯性约束实验打靶为每小时1次，有时每天仅1次。惯性约束电站要求每秒约10次——每年超过1亿次。它必须是完全自动的并可靠地和重复地工作。必须把靶高速射入靶腔室中心，沿高光学精度的路线通过，然后在移动中触发驱动束击打。惯性约束靶的核心是球形盒，其中含有氘氚燃料，而对于间接驱动靶（见第 7 章），周围是空腔（hohlraum）结构。目前实验用的靶是一个一个单独地制造和用手工装配，所采用的技术生产成本高，不适合大量生产。用杆把靶支撑着或者用轻巧的蜘蛛网似的框架悬挂着。每个手工制造的靶，价值数千美元，而要以有经济竞争力的价格生产电，这个价格需降至几美分。这需要在技术上有重大发展的、高度自动化的靶工厂。

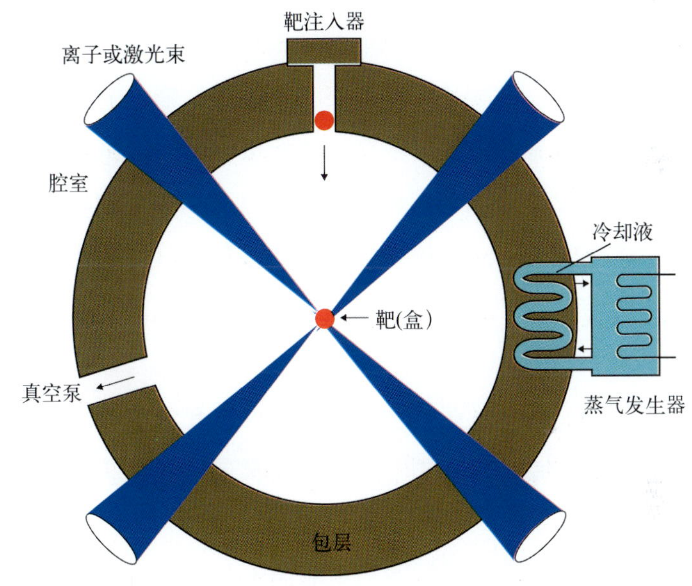

图 11.3　建议的惯性约束电站设计

靶盒落进抽真空的腔室中，激光脉冲对之轰击，把它压缩和加热。
概念设计与图 11.1 中所表示的相似，不过没有磁线圈。从包层中抽取的热通往常规蒸气站

惯性约束第二个大的挑战是发展合适的驱动器系统。驱动器用电力产生光束或加速的粒子束来压缩和加热靶。受压缩的靶点燃起来，产生聚变能量，转换成电，其中的一部分要用于运行驱动器。运行驱动器的功率必须只是电站总产出的一小部分。因而驱动器的效率和靶的压缩步骤就成为关键性的课题，这将在附注 11.3 中讨论。

现时的激光通常只把少于1%的电转化来加热和压缩靶。目前正在发展有较高效率的新型激光。快点火概念（见附注 7.5）把压缩和加热分开，进一步发展

能把效率提高到 2 至 3 倍。平行的途径是发展高效率的替代型驱动器，包括离子加速器和 X 射线源。

附注 11.3 驱动器的效率和靶的增益

正如在附注 7.1 和附注 7.2 讨论过的，为达到得失相当，一个 ICF 靶盒必须产出至少足够驱动下一个脉冲的能量。但是 ICF 电站必须要比达到得失相当更好一些，而要在商业上可行，它只能把它自己产出的一小部分，比如 10%，用于供给驱动器。因此，这里定义 ε 为聚变能以热的形式转化成有效的靶加热的总效率，而 Q 为靶的聚变增益（聚变释放能量与驱动器施加到靶的能量之比），则要求 $\varepsilon Q>10$。聚变的产出，即最初沉积到包层和靶腔室壁上的热量，要以通常的转换效率即 33% 转换为电能。驱动器的净效率（定义为将电能转化为有效的靶驱动）为 $\varepsilon_D \approx 3\varepsilon$，则 $\varepsilon_D Q > 30$。注意，这里定义的 Q 是能量之比（不同于 MCF，那里是功率之比）。

对 Q-值的很简单的估计是比较一下如果整个靶丸烧完所产生的聚变能量与将整个靶丸加热到最佳点火温度 $T\approx 20$ keV 所需要的能量。DT 反应释放 17.6 MeV，因此具有 n 个燃料核的靶丸的聚变能产出为 $1/2nk\,(17.6\times 10^3)$，而加热这些核（以及其电子）至 T（keV）所需要的热能为 $3nkT$。故 $Q\approx 3\,000/T\approx 150$。必须要强调的是，这里给出的简单计算只是为了对 Q 有个感受。实际上并不需要将整个靶丸加热到点火温度（特别是如果快点火能够成功），但燃耗将小于 100%，而附加的消耗到靶丸压缩的驱动器能量需要考虑进去。计算靶丸增益 Q 需要对靶丸进行消熔，压缩，加热和燃耗的很复杂的计算机模型。对 NIF 靶丸计算出的典型增益对于直接和间接驱动在 20～40 的范围，而对快点火约为 300。

靶丸增益为 30 的话，就需要驱动器效率为 $\varepsilon_D\approx 30/Q\approx 100\%$；即使增益为 300，驱动器效率也需要 10%。目前没有 ICF 驱动器系统接近此效率。NIF 激光需要 350 MJ 的电能来产生 1.8 MJ 的紫外光——对于直接驱动相应于 $\varepsilon_D\approx 0.5\%$。带空腔时，紫外光转换成约 350 kJ 的 X 射线——对于间接驱动相应于 $\varepsilon_D\approx 0.1\%$。

对驱动器系统第二个重要的要求是要有足够的重复频率和耐久性。这对于激光是个大问题，现时，在实验装置上所用的大的钕玻璃激光器每天只能启动几次，其光学部件经常损坏而需要修理。加速器可能有高得多的重复频率，然而对于直接加热，这些加速器看来不大可能达到对靶的足够均匀的照射，因此采用间接驱动途径（见第7章）将是必需的。

11.5 氚增殖

对基于DT反应的磁约束和惯性约束一个共同的要求是需要增殖氚燃料。作为裂变堆，特别像加拿大重水铀反应堆（CANDU）的副产品有少量的氚可以用来启动聚变电站计划；之后，每个聚变电站将必须增殖氚供自己用。在围绕等离子体的层体中，中子与锂反应的基本原理在附注4.2中讨论过。各层体即所谓包层在附注11.4和11.5中会作更详细的讨论。提取的氚返回来用作燃料。作为矿物，锂在地球表层处处可以得到。其储量按当前世界能量总消耗算，估计可供30 000年。而从海水中则可以提取数量更多的锂。

附注11.4 氚的增殖

在聚变电站中必须有效地增殖氚，在消耗每个氚后至少要得到一个氚。每次DT反应只产生一个中子，因此必须达到每个中子平均至少要增殖一个氚核。由于电站的结构会吸收中子，不可避免会有损失，同时不可能用锂的包层把等离子体完全包围起来——大多数磁约束系统的环形几何结构限制了包层在环的内侧能用于增殖的包层的数量。

然而，每个DT中子开始时的能量是14.1 MeV，因此原则上它会经历^{7}Li的吸热反应，产生一个次级中子和一个氚核。这个次级中子可以和^{7}Li或者^{6}Li反应增殖更多的氚。还有其他的核反应能够增加中子数，例如和铍，

$$^9\mathrm{Be}+\mathrm{n} \rightarrow {}^4\mathrm{He}+{}^4\mathrm{He}+2\mathrm{n}$$

由于吸收损失，氚增殖率的计算复杂化，需要考虑到聚变电站详细的机械结构和材料，包括锂增殖材料的形式（见附注11.5），包层所用冷却剂的类型，以及

能够用于增殖的包层的部分。必须考虑到那些会减少增殖包层可用空间的部件:对于磁约束来说是等离子体加热、诊断和偏滤器系统,而对于惯性约束来说是靶射入和驱动器系统。一般说来,由于较简单的几何布局以及较少的通道,与磁约束比较,惯性约束达到氚自给要容易些。原则上如果氚的再循环是即时的,为达到自给,增殖率稍大于1(比如1.01)就够了。对典型的包层设计,计算给出的值为1.05至1.2。检验这些设计和证实这些预测是下一步实验装置的重要任务。

附注 11.5 **锂化学形态的选择**

考虑过包层中锂的各种化学形态。可能的锂复合物有锂/铅或锂/锡合金,氧化锂(Li_2O),硅酸锂(Li_4SiO_4)和*氟锂铍混合体*(*flibe*)(Li_2BeF_4)。锂和锂/铅在不使用中子倍增剂,例如铍时,具有最高的增殖率。实际上由于$^{208}Pb(n,2n)$反应,铅起着中子倍增剂的作用。原则上可以使用金属锂。其液态金属形式的缺点是化学上很活跃,在事故情况下有空气或水时也容易着火。此外,用泵压送导电金属高速跨越磁场也存在问题。

直到现在我们几乎只讨论了DT聚变。对于聚变电站,DT是最有希望的候选燃料,因为它在所有的燃料中具有最大的反应率并能在最低的温度下燃烧。DT循环主要有两个缺点:(1)它产生中子,中子需要屏蔽并会活化结构材料;(2)由于要增殖氚,其锂包层需要额外的复杂结构、费用和径向空间。替代燃料循环可以避免一些这类问题,但是燃烧这些燃料要比DT困难得多。在聚变能未来的发展中建造燃烧DT以外的任何燃料的聚变电站是一件比较遥远的事。

11.6 辐照损伤和屏蔽

聚变中子和壁、包层以及其他围绕等离子体结构的原子会相互作用。它们经历核反应,与原子散射把能量和动量传递给原子。中子有几种有害的作用。首先,它们损伤结构材料。其次它们活化结构,从而在电站的寿命终了时要小心地将材料再循环或作为废物处置。不过,聚变电站材料的放射性约束在结构材料中，因为聚变反应的废弃产物只是氦。

辐照损伤过程在裂变堆中所作的相当详尽的研究为估算聚变电站的问题提供了良好的基础。聚变中子能谱由来自DT反应的14兆电子伏中子为主，此外有散射引起的较低能量的中子谱。因为聚变中子能谱延伸到较高能量，由聚变中子引起的损伤要比裂变中子严重得多。这些较高能量的中子引起的反应使氦沉积在固体栅格中，而这对于材料在辐照下的行为有显著的作用。为了完全认识聚变电站材料的特征，需要建造具有适合能量范围的中子的高效的考验设施。

附注 11.6 替代燃料

从氘开始，可能的其他聚变反应有：

$$D+D \rightarrow p(3.02\ \mathrm{MeV})+T(1.01\ \mathrm{MeV})$$

$$D+D \rightarrow n(2.45\ \mathrm{MeV})+{}^{3}He(0.82\ \mathrm{MeV})$$

$$D+{}^{3}He \rightarrow p(14.68\ \mathrm{MeV})+{}^{4}He(3.67\ \mathrm{MeV})$$

这两个DD反应概率相等。DD反应产生的T和^{3}He会和另外的D就地燃烧从而使功率增加以及总反应率提高。然而，DD的反应率低于DT并且需要高得多的温度——约为7亿摄氏度，因而引起很高的由等离子体辐射产生的功率损失（名为*轫致辐射*和*同步辐射*），而这通常对于DT不成为问题。其净效应使DD的点火条件比DT的要求高得多并远远超过任何已知的磁约束系统的能力。从DD燃料（很容易获得）开始，将不需要增殖氚，但这样的燃烧和DT相比不会显著减少中子的数量。

原则上$D^{3}He$反应能避免中子。它的反应率比DD高，但仍低于DT，需要类似于DD的高温，因而会遭受辐射损失。在托卡马克中燃烧$D^{3}He$，只要求比当今定标（见附注10.4）的能量约束好2～3倍，密度和等离子体压力超过现在极限的3至4倍（见附注10.1），同时杂质限制将很苛刻。中子的问题并没有真正解决——$D^{3}He$本身不产生任何中子，但会有相当数量的中子来自寄生的DD反应。获取燃料是个大问题，因为在地球上缺乏有价值数量的^{3}He。虽然由于受到太阳风粒子的轰击，月球表面含有^{3}He，但浓度极低，需要极大的采矿能力来提取。

有几种完全避免产生中子的聚变反应：

$$^{3}He+^{3}He \rightarrow 2p+^{4}He+12.86\ MeV$$

$$p+^{11}Be \rightarrow 3 \times ^{4}He+8.7\ MeV.$$

然而，这些反应的反应率如此之小，以至很少有望能够生产出经济的聚变功率。

附注 11.7

辐照损伤

当高能中子撞击第一壁或包层结构的原子时，它能把原子击离其在栅格中的正常位置。移位的原子可能停息在栅格的空隙中，而在原位留下一个空穴（见图 11.4）。事实上该移位原子在停息之前可能具有足够的能量去移动别的原子，因而经常产生级联性损伤。用在工作寿命期间*平均每个原子所经受的位移量*（*dpa*）来表示损伤。在中子通量最高的地方，例如第一壁其损伤率预期可达到数百 dpa。在这样的损伤下，材料的强度将会显著降低，而一些壁部件在电站寿期内需要更换几次。原则上可以降低中子通量来减小中子损伤——但这会导致相同功率下结构尺寸增大，从而增高基建费用。因此在电站尺寸上必须进行优化，以达到基建费和维修费间的平衡。

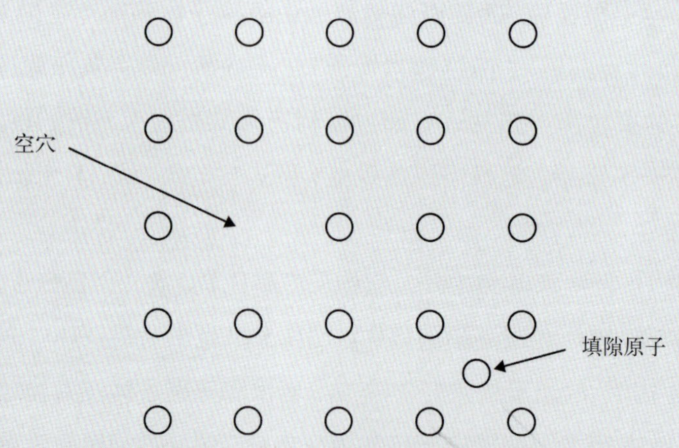

图 11.4 栅格结构中填隙原子和空穴形成示意图

由于（n，p）和（n，α）反应，在栅格中会引入氢和氦原子

中子也会和栅格原子发生核反应，在原位形成一个（或几个）嬗变原子。通常

新原子是有放射性的，而这是聚变电站放射性的主要来源。中子也会从靶核中打出质子或α粒子，这些反应称为（n,p）和（n,α）反应。典型的（n,p）反应是

$$^{56}Fe+n \rightarrow p+^{56}Mn$$

对来自DT聚变的14 MeV中子，(n,α）反应特别重要。这些反应产生的质子和α粒子在反应中拾取电子，在栅格中形成氢和氦原子。单个原子趋向聚结，在栅格中形成气泡，会危害结构的强度。进一步的栅格损伤可来自反应产物的高能反冲。

11.7 低活化材料

聚变与裂变相比最重要的优点之一是聚变燃料循环中没有高的放射性。因中子照射结构会呈放射性（活化），但通过精心选择材料，聚变电站的放射性在100年内会降到非常低（如图11.5所示），在第12章中也将讨论。包层、第一壁和（磁约束情况下）偏滤器系统有一定的运行寿命，必须用机器人进行维修和更换。退役下来的材料的活化水平和各种放射性同位素的衰变率，决定可以采用的储存和处理的方法以及旧部件再循环的可能性。通过循环使用材料来减少放射性废物数量是可能的。为达到低活化必须精心选择结构材料。一个重要的放射性源来自结构材料中的痕量杂质而不是它的主要成分，因而精心控制质量和材料杂质对达到低活化目标是关键。

虽然成功开发合适的低活化材料是巨大的挑战，但新材料比起时下可得到的材料，例如奥氏体不锈钢，将有显著的改进。有三种材料考虑作为低活化结构材料（见附注11.8）。目前对低活化马氏体钢的了解最为深入，它们是中期聚变电站最可能的候选材料。但是，开发合适的碳化硅复合材料，这些材料具有更高电站运行温度的优点，因而有更高的热效率，同时维修时放射性也非常低。

附注11.8 低活化材料

有三组可能作为低活化结构的材料。第一组名为*马氏体*钢——这是在全球高温领域得到广泛应用的（包括裂变堆）。已经有其辐照环境下性能的大量数据

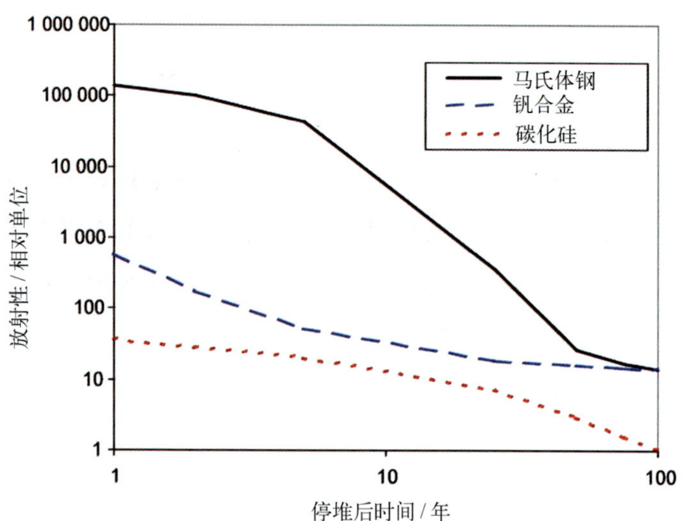

图 11.5　对低活化马氏体钢、钒合金和碳化硅，计算得出的放射性随电站运行结束后时间的变化

资料。根据高温强度性能，其运行温度上限通常估计为550℃。马氏体钢的主要成分，铁和铬，具有相对良好的活化性能，其放射性的主要根源来自次要的成分，例如铌。各种类型低活化材料可以通过重组成分来研制（例如用钒或钛取代铌和用钨取代锰）。这些重组的钢的性能与现有合金的很相似（有时更好）。对沉积在栅格中氦的效应需要进一步研究。

第二组材料是钒合金，其辐照特性正在聚变材料计划中开展研究。钒、钛、铬和硅等组成钒合金的元素都证实是低放射性的。美国正在对一些钒合金进行研究，发现它们在400℃以下和650℃以上变脆，致使运行范围颇为狭窄。

研究中的第三种材料是*碳化硅*（*SiC*），这是航空应用中正在研制的材料。对使用碳化硅复合材料的兴趣不仅来自低活化性质，还来自非常高温（～1 000℃）下的机械强度。这会使高温氦冷直接循环的设计成为可能。然而有迹象表明，在800～900℃的范围下辐照会产生硅纤维肿胀和强度降低。除了研发具有合适结构强度的复合材料外，还要解决其他技术问题。必须发展密封该材料的方法，把它对气体的渗透性减小到可允许的低值。必须发展SiC与它自己和与金属的连接方法。在大型结构、高温以及复杂载荷下使用碳化硅复合材料的设计方法是个巨大的挑战。人们认识到研制适合的材料与解决等离子体约束问题一样，两者具有不相上下的难度。

在考虑聚变电站各种工程和科学问题方面，通过大量详细研究和各自独立考察得出的结论是：不存在难以克服的问题。建造这样的装置是我们力所能及的，但需要在工艺的研究开发上作持续的努力。需要多长时间这取决于我们需要结果的紧迫性，通常认为是需要约20年。关于我们是否真正需要聚变能以及它是否经济的问题将在下章讨论。

第 12 章

为什么我们需要聚变能

前面各章阐述了聚变的基本原理，聚变在太阳和恒星上如何发生，以及它正作为能源在地球上的开发状况。经过多年的艰难研究，已经演示了地球上的聚变能在科学上是可行的。如上一章所讨论，下一步将发展必需的工艺和建造原型电站。然而，即便聚变能在科学和技术上可行，同样重要的是要演示它是经济的、安全的并且不损害环境；它必须对人类有益。提出这些问题并给以回答，在聚变之外，我们需要关注今天和未来世界对能量的需求，以及能提供这些需求的途径。

12.1 世界能量需求

生活在工业发达国家的本书读者依靠充足的能量供应来支持自己的生活方式。他们使用能量来调节自己居室的冷暖；来生产、运输、储存和烹饪他们的食物；去旅行、去工作、去度假和拜访朋友们；以及制造范围广泛，并被认为是理所当然的商品。一旦电力中断或汽油短缺，能量供应中断，他们的生活就会很快戛然而止。

在20世纪的进程中，丰富的能量曾显著地改变了工业发达国家人们的生活和工作方式。能量几乎排除了所有在农田和工厂中的繁重劳动，这种繁重劳动曾经使我们的父辈和祖父辈们劳累终生——缩短了他们的寿命以及在很多情况下损害了他们的健康。但是在发展中国家，情况是有天壤之别的，在那里数以十亿计的人们只靠刚够用的能量得以生存，更不用说提高他们的生活水平。今天，每个发展中国家的人使用的能量不及工业发达国家的十分之一，而20亿的人们——三分之一的世界人口，生活中得不到电。

过去的100年中世界的商品产出和人口增加比以往任何时候都快，总的年耗能已增加10倍以上。商品产出和能量消耗的增长主要是在工业化国家，而人口的增长主要在发展中国家。经历了几万年世界人口达到10亿（从最近一次冰河时期最大值的公元前20000年至1820年），刚好又过100年加倍到20亿（在1925年），然后仅75年增加3倍至今天的60亿。假设不发生重大灾难，世界人口预期在2025年将达到80亿，而到21世纪末达100～120亿。一旦发展中国家的人们生活繁荣起来，必须要满足他们对能量的需求。找到降低我们对能量需求的途径以及更有效的利用能量是减小总需求的重要步骤——确实和找到新的能源同等重要。然而，即使我们假设工业化国家的人们大幅度减少他们使用的能量，比如，减到现在水平的一半，携同世界上其他的人达到同样的水平，要应对预期的人口增长仍将需要大量增加能量供给。

科学工作者对世界人口和能量需求的增长做过很多研究，并得到相近的结论。图12.1所示的例子来自题为“2050年及其之后的全球能量展望”的报告，由世界能源委员会和应用系统分析国际研究所合作完成。至1995年的数据是实际值，2100年未来增长是在给定假设下的预期值。例如，如果假设世界经济继续快速增长而对能量消耗不加以控制，2100年的能量需求预期约为现在水平的4倍。较为保守的方案，即严格的生态约束使经济增长和能量耗用减少，需求仅较今日加倍。这样的预期不可避免具有大的不确定性，但是简单的信息是清楚的——世界会消耗愈来愈多的能量。到21世纪末，世界每10年或20年将耗用与人类自有文明开始至今*总耗*用同样多的能量。我们不得不思考我们会有何种储量与什么类型的燃料来满足这些能量需求。

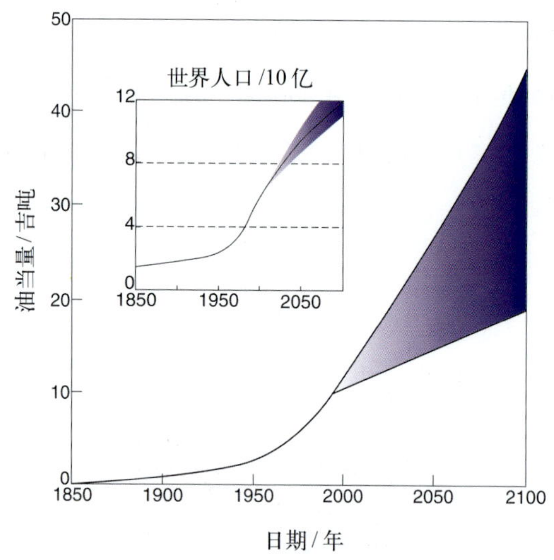

图 12.1　截至 1995 年世界一次能源消耗，以及在给定假设下，至 2100 年能耗的估计

插入小图是世界人口增长，为能源需求增长的基础。需求预期曲线的分散来自计算模型中的假设，从放开的增长政策到生态严格限制需求。能量单位是 10^9（吉）吨油当量

12.2 燃料的选择

我们今天使用的能量来自不同的形式；一些能源比另一些用于特殊用途的能源（如供暖或运输）更方便。木头和诸如动物粪便和有机废物曾一度是重要的能源，甚至在很多发展中国家今天依然如此。煤的利用开启了欧洲和美洲的工业革命，而现在石油和天然气提供我们现代生活方式的基础。煤、石油和天然气一起占世界能量消耗的 80%（见图 12.2），但这些化石燃料资源是有限的，它们不会永远维持下去。以现在的消耗率，探明的石油储量可维持 20 至 40 年。普遍的假设是有大得多的石油储量正待发现—— 一个共同的观点是石油公司认为在上述时间范围之后用不着去勘探新的油田。但是一些近来的研究得到悲观得多的前景。为与不断增长的需求一致，将来不得不以前所未有的速度去发现新油田——但是地球上适合的区域早已深入地勘探过。几乎世界上所有的石油可能早已发现（但不是所有的天然气），而我们可能已经接近用完这些燃料世界

储备的一半。如果此情况得以证实，严重的石油短缺和价格上涨将在下个10年开始。在页岩中很重的油即所谓油砂拥有大量未开发的储量，但是不清楚它们能否以经济可行和生态允许的方式加以利用。比较起来，煤的世界储量是巨大的，估计以现时的使用率足够维持200年。与石油和天然气比较，煤的一个有吸引力之处是在地理上分布良好。世界剩下的石油大都在中东，致使油源在政策因素和价格波动上十分脆弱。

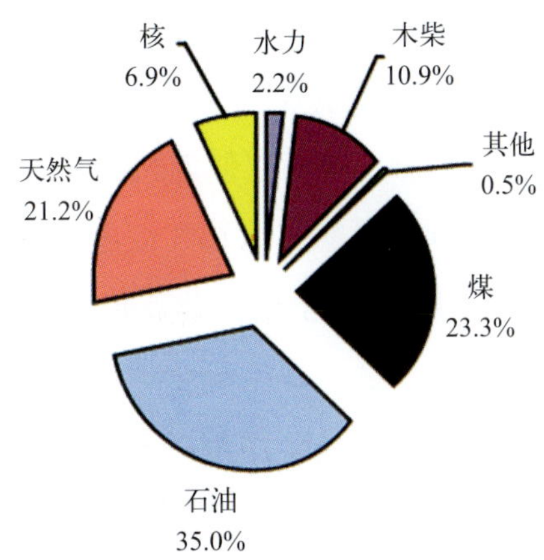

图 12.2　2001 年全球能量消耗

包括用于电力生产的一次能源。标示“木柴”的扇形包括所有可燃烧、可再生的和废物质；“其他”包括地热、太阳能和风能

但是，早在储量枯竭之前，由于燃烧如此之多的化石燃料将会出现严重的环境问题。因此部分有力的论据反对允许以满足将来能量需求的规模来增加使用化石燃料——特别是煤。燃烧1吨煤向大气输送约3.5吨二氧化碳——一年中我们燃烧的煤接近50亿吨。而煤只是其中之一；如把石油和天然气考虑进去，我们每年释放到大气的二氧化碳约为240亿吨，差不多每人4吨——此数量在逐年增加。二氧化碳使大气层变得像个温室，而其浓度的少量增加会使地球稍微变热。地球温度的少量提高对气候和海平面有显著的效应。这就是全球变暖——很可能是人类自己制造的也是最难以解决的最具毁坏性的环境问题。这过程和效应是无疑的——剩下的问题只是地球会热到何种程度以及在需要采取严厉行动之前我们还有多少时间。

燃烧化石燃料会对环境产生其他形式的破坏（包括酸雨，它早已影响许多河流、湖泊和森林）和污染，它损害人们的健康。煤是特别糟糕的，因为它含有很多杂质，并且它比石油或天然气每单位能量释放更多的温室气体。只有在开发出无污染和不向大气层释放二氧化碳的燃煤新技术时，燃烧大量的储备煤才会成为应对未来能量需求的明智方案。西欧近期应对这些问题的办法是将一些发电从燃煤转为燃气。但这不是长远的办法；污染仍然存在，天然气的供应是有限的，最多它能使这些问题受到控制的岁月稍微长一些。大规模燃烧油和天然气来发电，对于本应为别的目的保存的宝贵资源也是一个浪费。

电是重要和方式灵活的能量，因为它使用起来干净并且能给范围广泛的高级装置如计算机提供动力。世界能量的约13%以电的形式使用，但它必须从更基本的能量形式产生。全世界约65%的电由化石燃料产生，约17%来自核裂变，其余的来自水电站。核能是干净的且不引起全球变暖。几十年以前，人们就似乎认为它必定成为未来的能源，而且会作为主要的电力生产来源。法国用核裂变生产其电力的约80%，日本约30%。两国都达到高于减少二氧化碳排放的平均率。以总核电生产计，美国居于首位，虽然这只相应于其电力生产的约20%。但是公众对核电的顾虑和相对低廉的油价合起来使核电站的建造显著地减慢。这是由不可动摇的事实和情绪共同驱使的一场艰难的辩论。这里无意讨论是否裂变堆核废料充分安全的储存能够说服公众，或者最终将会看到来自裂变堆的风险会比来自全球变暖更能接受。

水电被视为干净的能源——这并不等于不存在风险或对环境没有损害。它占世界电力的约17%。不过，大多数合适的河流已经筑坝，而且这个能源不可能扩大到足以满足将来的需求。所有其他形式的可再生的能量——风、潮汐和太阳加在一起，目前不到全球生产电力的2%。在经济地驾驭这些能源和使之与一个供应可靠的电网连接方面存在很多困难。那些居住在北方的人们非常清楚有很多天没有阳光照耀，以及有很多天连风也不吹动。电能的储存是很困难和昂贵的——事实上，目前唯一经济有效的储存方法是以逆方式运行水电站，将水从低处的水库汲送至高处的水库。但是这会增加费用，在评估间歇的能源如太阳和风能时必须加以考虑。即使这些能源会开发到能满足将来世界能量需求的份额比今天大得多，它们永远不会满足全部需求。必须开发新的能源——最安全的、环保的和经济的系统。能进一步切断污染链的远期前景可能是用环境友好的能源生产的电来制造氢。氢在燃烧时不造成任何污染并能取代化石燃料用于运输。

12.3 聚变能的环境影响

引起公众对与“核”有关事物忧虑的因素之一是安全——对裂变堆可能失控而爆炸或者熔化的恐惧。在这方面聚变较之裂变有明显的优势，聚变电站是固有安全的；它不会爆炸或者脱离控制。不像裂变电站那样包含足够运行很多年的大量铀或钚燃料，聚变电站只含有非常少量的氘和氚燃料。通常只有1克——只够维持几秒的反应。如果燃料不连续更换，聚变反应将会终止。

第二个安全考虑是放射性废物。裂变堆产生两类放射性废物。最难处理和储存的废弃物来自裂变燃料循环——这是强放射性物质，需要把它从未烧完的燃料中分离出来，然后要安全地储存几万年。聚变燃料循环不产生任何放射性产物——其废弃物是氦气，是无毒和无放射性的。氚燃料本身是放射性的，但它衰变得比较快（半衰期为12.3年）。而且在任何情况下所有产生的氚燃料将很快会再循环并在电站中燃烧。一个重要的安全特点是不需要将放射性燃料运进或运出聚变电站。聚变燃料必需的原材料锂和水，是完全没有放射性的。有足够的锂可以维持至少几万年，在海洋中的氘实际上是用之不竭的。此外，这些原材料分布广泛，任何一个国家不可能垄断市场。开发出更先进的只燃烧氘的聚变可能要更长的时间。

来自核电站的第二个废物源是反应堆的结构物——核反应时发射的中子使它带有放射性。在这方面聚变和裂变是很相似的，聚变电站结构中的一些部件将带有强放射性。需要移动以便修理或更换的部件要用机器人操作并储存在厚混凝土屏蔽内。不过，这些结构废物的寿命比之裂变燃料废弃物要短得多。从聚变电站的寿期结束，到它能完全拆除，只需要屏蔽100年。此外，可以通过精心选择构造材料，减小这些放射性——开发先进钢材和其他材料的研究已经在进行中，这在第11章中讨论过。聚变电站寿期末的放射性和裂变及燃煤电站数据的比较在图12.3中表示。

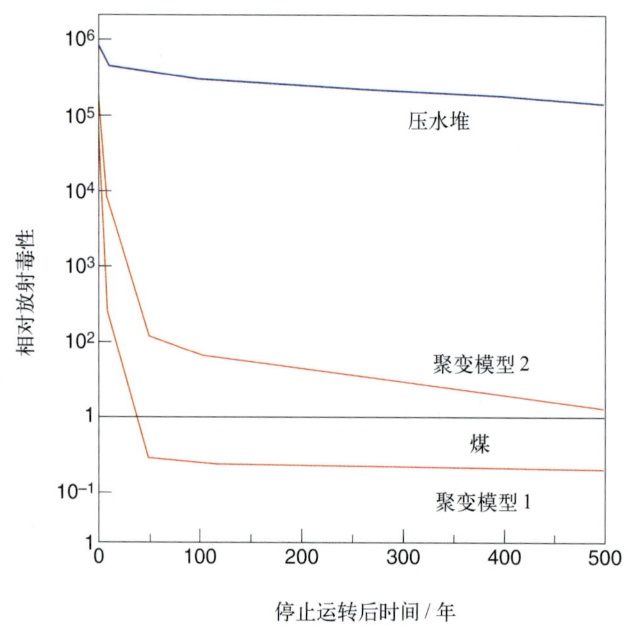

图12.3　三个具有相同电功率输出的动力源（压水堆、两个聚变电站模型和燃煤电站）的潜在吸入放射毒性随运行停止后时间变化的比较

经过精心设计和选择材料，聚变电站在关闭约100年后所残留的放射性水平与燃煤电站是类似的。一开始，来自燃煤电站的放射性让人奇怪。当然烧煤不产生任何新的放射性，但是煤含有铀（以及很多其他的元素），当煤燃烧时它就排放到环境中。虽然煤中铀的浓度是相当小的，其总量却是非常大的。生产1吉瓦年的电（一个典型工业城市的需求）需要烧约350万吨煤，其中含有5吨多铀。事实上这比一个核裂变电站供电所用的铀还要多。部分铀进入空气中，而其大部分残留在灰中，埋入垃圾填筑地。

12.4 聚变能的成本

任何一个新能源，比如聚变，必须演示不但是干净、安全和环境友好的，而且能在价格上和其他形式的能源竞争。用标准的能源预报模型进行的预测显示，当接近21世纪中期，聚变产的电力能提供使用时，它的价格具有竞争力。美国、日本和欧洲的各个小组作过这些预测，它们的结果大体上是一致的。

当然，对如此遥远前景所作的估计带有较大的不确定性，这种不确定性对每种燃料是不相同的，因而难以在公平的竞技场上进行比较。对于化石燃料，在计算上我们有良好的起点，因为我们知道今天建造一座燃煤或气的电厂要多少钱。大的不确定性在于燃料将来的价格（这是化石燃料产电价格的主要部分）以及环境的费用。不同国家的石油和气的价格是不一样的，因而很难比较。在20世纪70年代石油和天然气价格显著上涨以后，石油在约20年间价格是相对低廉的，但在1999年价格又开始明显上升。对将来价格的预测必然是不确定的，但随着需求增大和储量变小，价格会不可避免地明显上涨。在作长期预测时，必须考虑的其他因素包括对环境的关注，它将对某种燃料的使用进行限制、赋税或者加上更严格的污染标准，这将推动燃烧这些燃料的成本上扬。现时，化石燃料产电的消费者不支付引起环境和公众健康损害的费用。估计这些外部费用是困难的，因为损害是分布广泛的且难以定量表示，并影响别的国家而不仅仅是造成污染的国家。在对不同燃料客观比较时，这些真的需要加以考虑。一些专家计算，如果考虑环境的费用，燃煤生产的电的真实价格会是现在的6倍（见图12.4）。因为可能会开发出新的技术来减少温室气体的排放及降低其他污染——但这些会增加电站的建造和运行费用。

预测可再生能源诸如风、太阳和潮汐能的将来价格同样是困难的。现时，由这些方法发的电一般比由化石燃料发的电要贵得多，除了一些特殊的场所，它们要成为可行，需要政府的补贴，随地域的不同也有大的差异。随着这些技术的发展价格会相对下降，随着化石燃料价格上涨，预期它们的竞争力会增强。风和太阳能是间歇的，作为主要能源使用时，储存能量的费用需要考虑进去。

预测聚变能将来的价格产生另外的不确定性。可以肯定的一点是聚变的燃

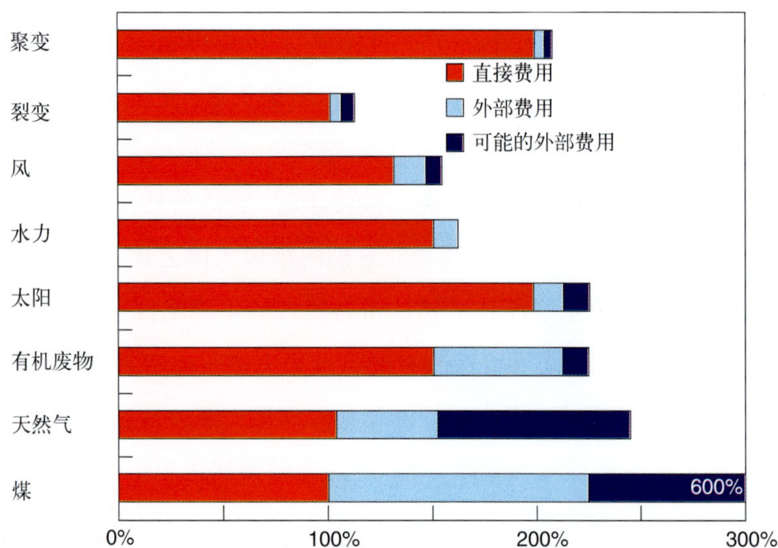

图 12.4 基于对 2050 年左右的预测，用不同燃料发电的相对价格的比较

对每种能源给出了一系列数值，但是正如文中所讨论的，对每种燃料，其不确定性是不同的

料费用是不重要的，而且是稳定的。在聚变电站，燃料对价格的贡献将低于1%——几克聚变燃料将产生和几十吨煤、石油或天然气一样多的能量。聚变生产电的价格的主要部分来自建造电站的基本建设投资以及在其工作寿命期间更换部件的维修费。聚变电站的许多部分——厂房、汽轮机和发电机与其他类型电站是相同的，这些价格是熟知的。等离子体约束系统技术复杂，因而建造和更换是相对昂贵的。近来对基于托卡马克设计的研究，预计以最佳的规模生产1 000 兆瓦的电其成本与其他的燃料相比具有竞争力的。聚变电力价格的重要因素是电站的可靠性及其运行效率。

展望前景中，当关注燃料资源、价格和对环境的损害等各种问题时，很清楚，我们在供应未来能量需求上没有很多选择。可再生能源如风和太阳能将起到越来越重要的作用，但这些不能满足所有需求，而我们将需要如聚变那样的集中供给的能源。1996 年由欧洲委员会所作独立评估的结论是，基于迄今为止所取得的进展，商用聚变电站的目标看起来是“苛求的、但却是合理的，而且是可以达到的目的”。达到这个阶段可能至少要 30 年。为了在需要时能及时用上聚变能，重要的是我们不能将建原型堆的时间推迟太久。

后 记

2004年该书英文版发行时，ITER的选址还未确定。当时日本和欧盟都提出了建造地点，双方都渴望成为东道主。欧盟与日本经历了一段时间的双边讨论后，ITER国际组织的成员最终于2005年6月底确定将ITER建在欧盟提出的法国南部的卡达拉奇。现在ITER国际组织有七个成员，他们是欧盟、日本、美国、俄罗斯、中国、韩国和印度。七方成员已经于2006年11月21日在巴黎签署了国际协议，欧盟同意资助日本的一些聚变研究，这包括可用于测试聚变堆材料的14兆电子伏的高通量中子源。此研究项目是通向成功建造原型商业堆（暂称为DEMO，继ITER后的下一步示范堆）的关键项目。

日本的池田要（Kaname Ikeda）博士于2005年秋被提名为ITER总干事，欧洲的罗伯特·霍特凯姆（Norbert Holtkamp）博士于2006年4月被选为第一副总干事及工程建设负责人。此前霍特凯姆博士负责田纳西州橡树岭的蜕变中子源建造。2006年7月随着6名副总干事的任命，ITER高层管理机构构成，并且开始了其他职员的招聘工作，预期将在2007年签订首个工业合同。由于建造工期预计将花约8年时间，并且托卡马克在2015年试运行，时间进度的要求是非常苛刻的。欧盟内部已同意将目前世界上最大的托卡马克JET进行重大升级。如果欧洲聚变预算增加，JET将很可能继续运行至2010年，并有可能延长到2012年，以继续支持ITER项目研究。2006年底中国在安徽省合肥的大型超导托卡马克EAST上已成功开展了初始实验。EAST与韩国新的托卡马克KSTAR及计划中的日本新的托卡马克一起，都将可用于支持与ITER相关的物理实验研究。

利用高功率激光开展惯性约束聚变研究的领域正取得稳步的进展。美国劳伦斯·利弗莫尔国家实验室的国家点火装置及法国波尔多附近的兆焦耳激光项目建造的目标是演示高增益与点火。2006年12月美国国家点火装置的第一组共计48束激光（总激光束为196）同时发射，产生了超过1兆焦耳的红外辐射，这些辐射将转换为短波长以用于内爆实验。在靶丸设计及不稳定性的理解方面也取得了重大进展。这些在很大程度上提高了此途径用于惯性约束的前景和信心。

另一可供选择的惯性约束途径，即利用快速点火的概念，也一直在取得好的进展。日本大阪激光工程研究所FIREX项目的长远目标是用两台50千焦耳的激光器来验证大于1的聚变增益，其中一台激光器用于压缩燃料，而另一台用于加热已压缩的燃料。此外，美国桑地亚国家实验室也取得了进展，他们用丝阵Z箍缩产生1～2兆焦耳热X射线。跟用激光器相比，这些多丝Z箍缩装置可以低造价获得点火，可能成为具有竞争力的选择。

综观能源供需总的平衡，在过去的两年里这种平衡发生了引人注目的变化。很明显，世界石油供应要么已达到了极限，要么在不久的将来会达到极限，然而，特别是像中国和印度这些发展中大国，对能源的需求一直在持续增长。2005年夏季对美国一些地区造成破坏的飓风等自然灾难也严重影响着能源的供给和价格。日益上涨的燃料价格将对世界经济产生非常严重的影响。因此，我们极为迫切地需要其他能源，特别是那些不会产生温室气体效应的能源。在发展诸如风能、波浪与太阳能等替代能源的同时，我们知道，这些间歇的能源只能占总能源中很少的份额。保存及有效使用能源，例如将热系统与发电系统结合在一起，会有所帮助，而生物燃料将给交通工具提供能源。然而，发电系统的基本负荷是必须保证的。许多国家正在考虑更新裂变电站的计划。因为聚变电站具有低放射性危险等固有的特点，其成功发展，将是给予我们子孙后代极好的礼物，并给人类未来提供取之不尽、用之不竭的能源。

单 位

科学计数法

聚变这个题目要求我们对一些事物以很大的数字进行讨论，例如热等离子体的密度和温度，而对另一些则以很小的数字讨论，例如激光的脉冲长度。举例来说，典型的等离子体温度是1亿摄氏度，而典型的等离子体密度是每立方米一万亿亿（1后面跟20个0）个粒子。另一个极端，最快的激光的脉冲长度是用1秒钟的一万亿分之一甚至一千万亿分之一来度量的。

用这种方式书写很大和很小的数目是不方便的。科学家和工程师们设计了一种计数方法，将大数目中0的个数用在10的上方以*指数*来表示。用此法书写，1亿摄氏度的温度写为10^8度，而1万亿亿的密度为每立方米10^{20}个粒子。简单的延伸此思想，用负指数很容易表示很小的数目——这样，十分之一写为10^{-1}，千分之一是10^{-3}，而百万分之一是10^{-6}。它们都有名字，千分之一名为*毫*，而百万分之一为*微*。

很多读者对这些符号是早已熟悉的，但对其他读者可能有一点生疏。一般，我们试图在正文中清楚地说明所有单位，即使这会显得有点冗长，但在附注中我们采用科学计数符号。附表给出使用不同方法表示这些量之间的等同性，并给出将要碰到的时间、质量和能量范围的例子。

单 位

单位是特定量的度量。我们都很熟悉日常生活中使用的单位，例如温度用摄氏度，体积用立方米，时间用秒，电流用安培。每个单位都有精确的科学定义。在聚变中我们最关注的单位是温度、密度、时间和能量。

*温度*通常用摄氏度来度量——水在0℃时结冰，100℃时沸腾。在科学上通常采用开氏温标——在开氏温标上绝对零度是－273℃。对于聚变的温度尺度，其范围直到几亿摄氏度，开氏度和摄氏度间的区别可以忽略。等离子体的温度经常用*电子伏*为单位来表示。作为比较，1电子伏（1 eV）等于1.160 5 × 10^4摄氏度——粗略的为10 000（10^4）摄氏度。因而若干百万摄氏度范围的温度通常

用文字说明	词头名称	时间／秒	质量／克	能／焦耳	科学计数法
一千万亿分之一	飞[母托]	飞秒(fs)			10^{-15}
一万亿分之一	皮[可]	皮秒(ps)			10^{-12}
十亿分之一	纳[诺]	纳秒(ns)			10^{-9}
百万分之一	微	微秒(μs)	微克(μg)		10^{-6}
千分之一	毫	毫秒(ms)	毫克(mg)		10^{-3}
一		秒(s)	克(g)	焦耳(J)	1
千	千		千克(kg)	千焦耳(kJ)	10^3
百万	兆			兆焦耳(MJ)	10^6
十亿	吉[咖]			吉焦耳(GJ)	10^9
一万亿	太[拉]			太焦耳(TJ)	10^{12}

用千电子伏（keV）表示，1亿摄氏度近似为10千电子伏。

*密度*在日常使用中通常用单位体积中的质量来表示——我们提到密度就用每立方米几千克（或者也许还用每立方英尺几磅）。同样的单位可用于等离子体——但想来更方便的是用每单位体积的粒子数而不是每单位体积的质量数。在磁约束等离子体中密度的典型范围是从每立方米1百亿亿（10^{18}）到十万亿亿（10^{21}）个

粒子。惯性约束聚变的密度要大得多，通常用每立方米克或千克来表示。

*时间*在聚变实验中特别重要。对磁约束聚变现在达到的约束时间约为1秒，是我们大家都熟悉的时间长度。在惯性约束中该时间要短得多，通常是十亿分之一（10^{-9}）秒。

*能量*是一个名词，在一般的意义上使用——例如在“聚变能”中——同时也作为一个特定的科学的量。*能量*用单位焦耳来度量。不过，单个粒子的*能量*经常用电压量（伏特数）来表示，而1电子伏特（eV）$=1.602\,2\times10^{-19}$焦耳。等离子体的总动能是全部离子和电子能量之和。温度是平均能量的一个度量，每个离子和电子具有的平均能量等于$(3/2)\,kT$（这是因为粒子能在三个方向上运动，而在每个方向上的平均能量等于$(1/2)\,kT$（k称为玻尔兹曼常数））。因此如果每立方米有n个离子和n个电子，等离子体总能量等于$3nkT$。

*功率*是使用能量的速率，它用瓦（W）来度量。1瓦等于每秒1焦耳（1 W= 1 J/s）。通常我们在讨论电站输出量时采用功率—— 一个典型家庭需要供应功率的规模为几千瓦，而一个典型现代电站的额定功率为1或2吉瓦（GW）。

术 语

A

ASDEX, ASDEX-U (德国聚变装置名)：德国慕尼黑附近的等离子体物理所建造的两个托卡马克装置。

阿尔法粒子 (alpha particles)：就是氦核；在重元素的放射性衰变过程中会发射这种粒子，也是许多聚变反应的终端非放射性产物。

爱里斯计划 (ARIES)：由美国的一些实验室共同组织的一系列关于聚变电站设计研究的名称。这些实验室包括：圣迭哥加州大学圣迭哥分校、威斯康星大学、阿贡国家实验室、麻省等离子体科学和聚变中心、普林斯顿等离子体物理实验室、任斯莱尔工艺研究所、通用原子公司和波音公司。

安全因子 (safety factor)：环形装置中关于磁力线螺旋旋转程度的一种度量，用英文字母 q 表示。为了不产生破裂不稳定性，托卡马克等离子体边界处的 q 值必须大于 3。

B

白矮星 (white dwarf)：质量小于太阳的小星在将其中的聚变燃料烧完后演化到最终状态称白矮星。

半衰期 (half-live)：放射性元素的放射衰减至原先一半值所需的时间。

包层 (blanket)：聚变电站中包在等离子体外面的环盘形区域，包层的功能是让聚变反应产生的中子在该区域中与锂反应后产生氚并慢化释出热量。

比压值 (beta)：等离子体的压强与磁压强的比值，经常用希腊字母 β 表示。

边缘局域模 (edge localized mode (ELM))：在托卡马克的 H 模状态下由于边缘区大密度梯度引起的张弛性不稳定性。

波长(wavelength)：波在一个整周期传播的距离。

玻尔兹曼常数 (Boltzmann' s constant)：k=1.38 × 10^{-23} J/K 或 k=1.6 × 10^{-16} J/ ke V，可以将温度（以 K 或 keV 做单位）变换成能量。

不稳定性 (instabilities)：等离子体的不稳定扰动。小尺度的不稳定性一般使等离子体的约束时间减小；大尺度的不稳定性则可以引起等离子体的突然消失。[见破裂(disruption)词条]

C

超导 (superconducting)：导体在低温下失去电阻时的特性，也指以超导线圈制成的装置。

超导电性 (superconductivity)：一些物质在温度非常低时其电阻为零的性质。

超经典 (classical super)：一种由爱德华 · 泰勒提出的早期氢弹设计，设想的聚变反应是由放在邻近的裂变炸弹引发的。这个设计被证明是无实用价值的。

超新星爆发 (supernova)：大型星体的所有核燃料都燃烧引起的爆炸。有大量的中子发射并出现形成重原子核的反应。

超铀元素 (transuranic element)：质量超过铀的元素。这是一些放射性元素，自然界并不存在，是通过将中子轰击其他元素或使两种元素聚合人工制造的。

氚 (tritium)：在原子核中包含一个质子和两个中子的氢的同位素。氚具有放射性，半衰期为 12.35 年。

氚增殖 (tritium breeding)：见增殖循环（breeding cycle）词条。

磁岛 (magnetic island)：指磁场的一个特定区域，其中磁力线形成闭合回路并且互相不联结。通过增加特定设计的附加线圈可以形成磁岛，在一些条件下也可以自然地形成磁岛。

磁镜装置 (Mirror machine)：一种开端磁约束系统，等离子体被约束在螺线形磁场中，在两端磁场较强，形成“磁镜”。

磁力线 (magnetic field line)：描述磁场空间方向的曲线；磁力线密集的程度表明磁场

的强度。

磁约束聚变 (magnetic-confinement fusion (MCF))：应用磁场将等离子体约束足够长的时间使之达到高温度和密度而产生核聚变反应。

磁重联 (reconnection)：如果我们将磁场用磁力线来描述，可以方便地描述物理图像长一些就像用一段段细条来描述矢量场的方向。有时磁力线会变得互相纠缠，然后以一种有序的方法将磁力线拉破并重新连接起来。

磁轴 (magnetic axis)：一组相套的环形磁面的中心磁力线。

催化剂 (catalyst)：一种参与反应过程但最终保持原始状态的物质。

DIII-D：美国加州圣迭哥通用原子公司的一个托卡马克装置。

DOE：能源部。美国政府管理聚变能开发研究的部门。

“大爆炸”理论 (“Big Bang”)：现在普遍接受的解释宇宙起源的理论的名称。

弹丸或靶丸 (pellet)：见燃料弹丸(capsule)词条。

氘(deuterium)：氢的一个同位素，在氘的原子核中具有一个质子和一个中子。

等离子体 (plasma)：当气体中相当部分的原子被电离时的物理状态。宇宙中绝大部分物质都是以等离子体态存在的，常常称这种状态为“物质的第四态”。

等离子体聚焦 (plasma focus)：一种直线型箍缩装置，其中等离子体在阳极附近形成很强的亮斑，发射 X 射线和中子。

等离子体频率 (plasma frequency)：电子在等离子体中的自然振荡的频率。

低 *Z* 杂质 (low *Z* impurities)：原子序数较小的材料或杂质，如碳、氧等。

低活化材料 (low activation material)：用于辐射环境中的材料，具有低的活化截面，不会产生强放射性。

低约束态 (L-mode)：指托卡马克的常规约束态。

第一壁 (first wall)：在等离子体约束实验装置或聚变电站中直接面向等离子体的固体表面。

点火 (ignition)：指磁约束聚变中阿尔法粒子加热（它占聚变总能量的 20%）与损失的能量达到平衡的条件；在惯性约束中，则指被压缩的靶丸的中心开始燃烧的条件。

电磁谱仪 (spectrograph)：记录电磁辐射谱的仪器。

电荷交换 (charge exchange)：一个离子与另一个原子交换一个电子的反应过程。当等离子体中一个快离子通过这种过程而成为中性原子时，这个中性原子将会从等离子体中失去，因此这是一种损失机制。但如果快原子被注入到等离子体中，等离子体会因这个过程而增加密度和得到加热。

电解 (electrolysis)：在电介质中通以电流使离子流向阳极或阴极，这要看离子是带正电还是负电而定。

电解液 (electrolyte)：可以让电流流通的溶液。

电离 (ionization)：使原子失去一个或几个电子的过程。这种过程可以在高温下出现，或与其他粒子（主要是电子）碰撞时出现。

电流极限 (current limit)：托卡马克等离子体中可以允许通过的最大电流值。这个值的大小主要由磁场强度和等离子体的尺寸所确定。

电子 (electron)：带有单位负电荷，质量为质子的 1/1 836 的带电粒子。

电子伏 (electron volt)：电子在通过大小为 1 伏特的电位差的电场中获得的能量。被用作等离子体温度的单位（1 电子伏等于 11 600 摄氏度）。

电子回旋共振加热 (electron cyclotron resonance heating)：在等离子体中加入一种频率为电子回旋频率的电磁波使之得到加热的技术。这个频率与磁场强度有关，典型值为 50～200 GHz。

定标 (scaling)：物理量之间的经验关系，例如能量约束时间与其他物理量间的关系。

对流 (convection)：流体中较热的部分通过运动将热转移到较冷部分。

F

反场箍缩 (RFP)：一种环形箍缩，其中用于稳定等离子体的磁场在等离子体外部改变方向。

仿星器 (stellarator)：属于环形约束的异类装置，其中磁力线的旋转变换是通过将磁轴扭曲或另加螺旋磁场而产生的。这是拉曼・斯必泽1951年在普林斯顿大学提出的。现在，已包括早期在普林斯顿建造的8字形装置，外加螺旋绕组的经典仿星器，以及所谓的扭曲器(torsatron)，先进螺旋装置(heliacs)和模块仿星器。

分子 (molecule)：由化学键结合起来的两个或更多个原子的体系。

氟锂铍混合体 (flibe)：由氟、锂和铍组成的化学混合体，是一种在聚变堆包层中建议用于氚增殖的混合物。

辐照损伤 (radiation damage)：当高能粒子——如离子、电子或中子进入固体时，可以使固体的原子从原先的位置移开一定距离，并形成空穴或空缝。这类现象经常是以级联形式发生的，会改变固体的力学和电学性质。高能入射粒子还能引发核反应，在固体中产生如氢和氦这类气体，以及一些核嬗变产物。这种固体力学性质的变化在核裂变反应电站中已经成为一个问题，在聚变电站的设计中也必须考虑这方面的问题。

辐射线 (emission line)：由原子中电子从一个能态跃迁至另一较低能态时产生的电磁辐射谱中的尖锐能峰。

G

GAMMA 10：日本筑波大学的大型磁镜装置。

高 *Z*(high *Z*)：具有非常大的原子序数的物质或杂质，如钨。

高约束态，H模(H-mode)：托卡马克中的改善约束态，通常在等离子体边缘有高的密度和温度梯度。

戈德斯通定标律 (Goldston scaling)：一种关于托卡马克能量约束时间的经验定标律。

格林瓦尔德极限 (Greenwald limit)：关于托卡马克中最大稳定密度的经验定标律。

箍缩效应 (pinch effect)：当等离子体中沿轴向通过电流时，产生极向磁场，该磁场向内的径向力使等离子体在径向受到压缩。

刮离层 (scrape-off layer)：指等离子体边界的一个区域，这个区域中的粒子流和能量流沿开放性磁力线流向偏滤器或限制器（孔栏）。

惯性约束聚变 (Inertial confinement fusion(ICF))：通过将等离子体以极其快速的方法进行压缩和加热，使等离子体在飞散以前就达到高温。在确定的条件下，可以达到足够高的温度和密度，发生核聚变。

光谱仪 (spectrometer)：用电子学方法记录光谱线的仪器。

光球 (photosphere)：太阳中心外部的球形层，太阳的能量和热是中心部分产生的。

光子 (photon)：与电磁波有关的质量为零的不带电粒子，具有能量、动量，以光速运动。

H

核聚变 (nuclear fusion)：两个轻原子核合成为一个较重的原子核以及其他粒子的过程，所产生的核和其他粒子的质量之和略小于原先两个核的质量之和。失去的质量转化为能量，一般是所生成的新核和粒子的动能。

核聚变电站 (nuclear fusion power plant)：由核聚变反应提供能量的电站。国际聚变研究的规划是先建造 ITER，再建造示范聚变电站。

核聚合 (nucleosynthesis)：主要是在“大爆炸”和一些星体中发生的元素形成过程。

核力 (nuclear force)：四种已知的基本相互作用力之一，是强作用力。

核裂变 (nuclear fission)：重原子核分裂成两个或多个较轻的原子核，所形成的新核的质量之和小于原先的重核。失去的那部分质量转化为能量，通常是所产生较轻核的动能。

核嬗变 (nuclear transmutation)：描述核反应过程中一种核转化成另一种核的术语。

赫兹 (hertz)：频率的度量单位，是秒的倒数。

红移 (red shift)：来自星体或外层空间中其他客体的辐射谱，其波长向红端的移动。这是宇宙膨胀中产生的多普勒位移。

环向场 (toroidal field)：在托卡马克和仿星器中，由绕在等离子体真空室外的大型磁场线圈产生的主要的磁场分量。

环形箍缩装置 (toroidal pinch)：是一种环形磁约束系统，其中环向等离子体电流既加热等离子体，又提供极向箍缩磁场。

回旋辐射 (cyclotron radiation)：由于电子或离子在等离子体中做回旋运动所发出的电磁辐射。

I

INTOR (国际托卡马克反应堆)：在 1978 — 1988 年间进行的一个国际托卡马克反应堆的概念设计研究。

ITER（国际热核聚变实验堆）：1988 年开始的国际合作设计的托卡马克实验反应堆，目的是研究聚变电站有关的物理和所需技术。（译注：2006 年 11 月，欧盟、日本、中国、美国、韩国、俄罗斯和印度七方正式签署协议，共同合作建造 ITER。装置建在法国的卡达拉奇。）

JET（欧洲联合环）：目前是世界上最大的托卡马克装置，由欧洲合作建在英国卡拉姆。

JT-60：日本最大的托卡马克装置，后来改建为 JT-60U。

激发态 (excited state)：原子或分子处在高于基态的能量状态。

激光器 (laser)：可以产生和放大相干电磁波的一种设备。激光可以达到极高的光强并聚焦到极小的面积上。"laser" 是 "light amplification by stimulated emission of radiation" 几个英文字字头的缩写。

激光兆焦耳装置(Laser Magajoule Facility (LMJ))：一种大型钕玻璃激光器，设计的能量输出达 1.8 MJ，准备建在法国的波尔多（Bordeaux），预计于 2010 年建成。计划用于间接驱动途径的惯性约束实验研究。

极向 (poloidal)：若将一个长螺线圈弯成环形，原先的角向坐标就叫极向坐标。所以，在环形箍缩装置或托卡马克中，沿环向流动的电流所产生的磁场就是极向磁场。

间接驱动 (indirect drive)：指惯性约束中激光能量先照射到装有燃料靶丸的靶室或空腔的内壁上，再由所产生的X射线对靶丸进行加热的方法。靶室的内表面被激光轰击后产生X射线，这些射线被束缚在靶室之内并从各个方向压缩靶丸，使原先的激光束的不均匀性得到磨平。

溅射 (sputtering)：一类原子作用过程，即当高能离子或中性粒子打到固体表面时，会从固体表面打出它的原子使其表面受到剥蚀。

角向箍缩 (theta pinch)：一般指开端约束系统中的一种，由快速上升的轴向磁场感生一个角向等离子体电流压缩等离子体。

截面 (cross section)：描述一个特定的碰撞过程或反应过程的有效面积。

聚变 (fusion)：本书中均指核聚变，即由较轻的原子核聚合成较重的原子核的过程，同时释放出能量。

聚变电站 (fusion power plant)：见核聚变电站 (nuclear fusion power plant) 词条。

聚爆 (implosion)：在惯性约束中，驱动器将靶丸外表面快速消融而形成巨大压力使靶丸向内运动。

锯齿 (sawteeth)：托卡马克等离子体中心温度和密度的周期性张弛振荡。

K

keV (**千电子伏**)：等离子体温度的一种单位，1 keV 相当于 11.6 兆摄氏度。

可见光 (visible light)：人类可以用肉眼看见的光，波长在 390～660 纳米范围。

库尔恰托夫研究所 (Kurchatov Institute)：位于莫斯科的一个原子能研究所，是领导俄罗斯聚变研究的研究中心，以著名科学家伊戈尔·库尔恰托夫的名字命名。

快点火 (fast ignition)：实现惯性约束聚变的一种途径。快点火是用其他方法将等离子体压缩后，再用超短强功率激光脉冲使其点燃。

L

LHD（**大型螺旋器装置**）：建在日本名古屋国家聚变科学研究所的一个大型仿星器装置。

拉莫尔半径 (Larmor radius)：磁场中电子或离子轨道的半径。

劳伦斯·利弗莫尔国家实验室 (Lawrence Livermore National Laboratory)：美国的核武器国家实验室，是领导磁镜系统研究的中心，目前已转向惯性约束聚变研究。

劳逊判据或条件 (Lawson criterion or condition)：关于聚变等离子体产生的能量超过加热等离子体所需的能量的条件。最初得出这个条件的方法是：设一个脉冲系统产生的聚变能量的转换效率为 33%，然后利用转换后的这部分能量去加热下一个脉冲。而现在的磁约束聚变将这个条件理解为稳态点火条件，即聚变燃料由阿尔法粒子进行自加热的条件。

“冷聚变” (“cold fusion”)：试图在接近常温下获得聚变能的一种想法。普遍认为应用电解质的方法是不会起太大效果的。μ介子催化的聚变反应在科学上是合理的，但不可能产生净能量输出。

离子 (ion)：当原子的电子数目比原子核中质子的数目少一个或几个时称为离子，因此带有净电荷。也可以出现分子离子。

离子回旋共振加热 (ion cyclotron resonance heating (ICRH))：一种射频波加热方法，波的频率与等离子体的离子在约束磁场中的旋转频率相接近。

粒子胞方法 (particle-in-cell (PIC)method)：通过跟踪所有粒子在其他粒子所产生的电磁场中的运动轨道来研究等离子体行为的一种理论方法。由于要跟踪数量极大的粒子，计算量非常大。

量子力学 (quantum mechanics)：可以描述原子尺度内物体和辐射行为的数学方法。这种方法可以将光和物体既描述成粒子的行为，又可以描述成波的行为。其早期成果之一就是成功地解释了原子发射的分立光谱。

临界密度 (critical density)：影响电磁波传播特性的一个等离子体密度特征值，超过这一密度值时，波不能通过等离子体传播，因为波被截止了，波将被反射或被吸收。

临界面 (critical surface)：等离子体中与临界密度相对应处的那个等离子体面。

临界质量 (critical mass)：关于裂变物质的一个特征质量，超过这一质量，裂变物质中会发生天然的裂变爆炸。这是因为裂变物质的体积足够大时，一次反应所释出的中子可以在该物质内部引发连锁反应。

螺旋绕组 (helical winding)：扭曲形磁场线圈，用于在仿星器中使磁力线产生旋转变换。

洛斯阿拉莫斯国家实验室 (Los Alamos National Laboratory)：美国的一个核武器实验室，也参与聚变研究。

M

μ介子 (mu meson, muon)：它的质量为电子质量的207倍，寿命为 2.2×10^{-6} s的一种粒子。它的电荷可以为正，负或中性。负μ介子可以取代原子中的电子而形成μ介子原子。

μ介子催化聚变 (muon-catalysed fusion)：氚原子中的电子被μ介子取代，形成氘氚分子，导致聚变反应，释放出一个中子和一个α粒子。μ介子在聚变反应后被释放，从而可以再次形成μ介子原子。

脉冲星 (pulsar)：一种正常射电脉冲的源，这些脉冲的周期处在1毫秒到几秒之间。脉冲星是1967年发现的，被确认为一类旋转中子星，具有非常大的质量，每旋转一周就向周围空间发出一束脉冲的射电波。

每个原子经受的位移量 (displacement per atom)：用来表征中子或离子辐照对固体造成的辐射损伤程度的一个度量单位。

密度极限 (density limit)：在磁约束系统中，由经验规律所确定的一个稳定密度值的限制。超过这个密度等离子体会破裂。

N

NBI (中性束注入)：中性束注入用于磁约束实验中加热和送料。

NIF (国家点火装置)：建在（美国）利弗莫尔，准备于2010年投入运行的一个激光驱动惯性约束实验装置。

能级 (energy level)：系统的一个量子态，比如原子具有确定能量的一个量子态。

能量得失相当 (breakeven)：核聚变释放出来的能量与用于加热等离子体的能量相等。

粘附 (sticking)：指μ-介子催化聚变中出现的μ-介子被阿尔法粒子所取代而不能再起催化更多的聚变反应。

钕玻璃激光器 (neodymium glass laser)：一种高功率激光器，在惯性约束中被用作驱动器。这种激光器用于产生激光的主动元件是一根掺有元素钕的玻璃棒或平板。

诺瓦 (NOVA)：原先准备在美国利弗莫尔国家实验室建造的最大的激光装置，现在已用NIF计划取代它。

OMEGA (欧米迦)：建在美国纽约州罗彻斯特的一个大型激光惯性约束实验装置。

欧姆加热 (Ohmic heating)：由通过等离子体的电流产生的加热，也就是物理学其他领域所称的焦耳加热。

欧洲原子能联营（EURATOM）：设在比利时布鲁塞尔的欧洲联盟中的三个欧洲共同体组织之一，负责协调欧洲的聚变研究。

P

偏滤器 (divertor)：通过改变环形磁约束系统的位形，使边缘区域的磁力线发生偏离从而使粒子和能量得到更好控制的一种磁场设计或安排。

频谱，光谱 (spectrum)：以波长或频率来扫描的电磁波的展开谱。

频谱学 (spectroscopy)：对频谱进行测量和分析。

破裂 (disruption)：磁约束等离子体中的一类大尺度不稳定性，它使等离子体的温度陡然下降并使等离子体电流中断。

普林斯顿 (Princeton)：普林斯顿大学的等离子体实验室(PPPL)，是领导美国聚变研究的实验室之一。

普林斯顿大环 (PLT)：第一个电流超过 1 兆安的大型托卡马克装置。

Q

***q*-值(*q*-value)**：见安全因子（safety factor）词条。

***Q*-值(*Q*-value)**：聚变装置中聚变功率与加热功率之比值；Q=1 被定义为能量得失相当条件。

起弧 (arcing)：在大气或真空中，由电场引起的两个表面之间的放电现象。也可能在等离子体和一个表面之间由于自然建立起来的电位差而产生起弧现象。起弧可以使邻近的表面受到腐蚀并使杂质进入等离子体。

氢 (hydrogen)：最轻的一种元素，由一个质子和电子组成。有时泛指它的三种同位素，它们只有一个质子，分别称为氕（原子量为1的氢）(protium)、氘(deuterium)和氚(tritium)。

氢弹 (hydrogen bomb, H-bomb)：基于聚变反应的一种原子弹。在裂变炸弹的引发下，氘和氚被加热和压缩后进行聚变反应。

球形托卡马克或环 (spherical tokamak or torus)：一种环径比非常小的环形约束位形，其中常规托卡马克的环向场线圈常常用一根直棒代替。

驱动器 (driver)：惯性约束聚变研究中提供压缩和加热等离子体的方法。到目前为止，经常用做驱动器的是激光。高能离子束也可以作为驱动器。

R

燃料靶丸 (capsule)：通常指惯性约束聚变中所用的燃料靶丸，是装在塑料壳中的冷冻的氘氚丸。

热导率或电导率 (conductivity)：物质可以传导热或电的本领。等离子体是非常好的导电体。

热核聚变 (thermonuclear fusion)：当等离子体中所有粒子被均匀加热到高温时，等离子体中释放大量能量的聚变反应。

轫致辐射 (bremsstrahlung)：由于电子在等离子体中被其他带电粒子所加速而从等离子体中发射出来的电磁辐射。

瑞利 - 泰勒不稳定性 (Rayleigh-Taylor instability)：一类流体力学不稳定性，不同密度的两层流体相邻时发生，这种不稳定性使这两层流体互相混合或交换。在惯性约束聚变的内爆聚过程中，这是一个很麻烦的问题。

弱相互作用 (weak interaction)：已知自然界中的四种基本相互作用力之一，参与β衰减过程，即将中子转换为一个质子和一个电子的过程。

S

3α 粒子过程 (triple-alpha process)：是一种将3个氦核（阿尔法粒子）结合成一个碳核的聚变连锁反应。

塞拉装置 (SCYLLA)：洛斯阿拉莫斯早期的一个角向箍缩装置。

桑地亚国家实验室 (Sandia National Laboratory)：位于美国新墨西哥州阿尔布魁克的核武器实验室，也参与惯性约束聚变中轻离子和重离子束驱动器以及直线箍缩的研究。

射频加热 (RF heating)：即射电频率范围的波加热；采用频率与等离子体各种共振频率接近的电磁波对等离子体进行加热。

声致发光 (sonoluminescence)：声波在液体中激发气泡过程中发出的光。

实验腔，空腔 (hohlraum)：在惯性约束聚变中用于装靶丸的靶室。初级驱动器如激光，离子束等照射该空腔的内壁后产生极强的X射线，这些射线对靶丸的进一步压缩要比初级驱动器可以达到的压缩均匀得多。

受激发射 (stimulated emission)：指激光器中一束光使原子受激并发射出相干光从而使原先的光束得到放大的过程。

斯必泽电导率 (Spitzer conductivity)：由斯必泽最先计算得到的完全电离等离子体的电导率，它随电子温度按方式变化（即按电子温度的3/2次幂变化）。温度为 T_e=1.5 keV 的纯氢等离子体的电导率与室温下的铜相当。

T

T-3 (托卡马克装置)：苏联莫斯科库尔恰托夫研究所的一个托卡马克装置，该装置的实验结果引起了20世纪60年代世界性的建托卡马克热。

TFTR (托卡马克聚变试验反应堆)：美国最大的一个托卡马克装置，建在普林斯顿大学，运行到1997年后关闭。

泰勒 - 乌拉姆位形 (Teller-Ulam configuration)：是氢弹的一种设计，其中利用裂变炸弹产生的辐射来压缩和加热聚变燃料。这种设计为很多成功的氢弹设计所采用。

碳循环 (carbon cycle)：以碳为催化剂的一系列核反应，最终结果是将4个氢核聚合成1个氦核，同时释放出能量。这个循环过程在比太阳更热的星体中是非常重要的。

同位素 (isotope)：一种元素中，两个或更多个原子具有相同质子数和不同中子数。

湍流 (turbulence)：在流体或等离子体中电磁涨落引起热和粒子输运的增强。

替代燃料 (alternative fuels)：除氘和氚以外的聚变燃料。这些燃料的聚变反应概率比氘氚反应小。而且要求更高的温度，但其中一些替代燃料的聚变反应产生的中子较少。

托卡马克，环流器 (tokamak)：具有强环向磁场以稳定等离子体，并由等离子体中的环向电流产生极向磁场的环形磁约束装置；首先是由苏联的科学家安德烈·萨哈罗夫和伊戈尔·塔姆提出的，现在已是最有希望的磁约束系统。

汤姆逊散射 (Thomson scattering)：利用激光光谱受到电子散射时变宽效应来测量等离子体温度和密度的一种方法。

稳态理论 (steady state theory)：早期关于宇宙膨胀的一个理论，认为宇宙的膨胀是由于新物质不断产生引起的。这一理论已被“大爆炸”理论所取代。

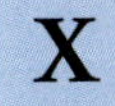

X 射线 (X-ray)：波长在 0.01～10 纳米范围的电磁波。

限制器或孔栏 (limiter)：可以限制等离子体孔径并使粒子流和热流集中到设定材料表面的一种设备。这些材料最初采用耐热金属，如钨或钼，后来用碳（石墨）。

消融（ablation）：固体表面被蒸发或腐蚀，通常是在受到非常高的功率加热时产生。

新经典理论 (neoclassical theory)：经典扩散理论在推广到环形系统时将带电粒子的复杂的轨道效应考虑进去后得到改进的理论。

压水堆 (Pressurized Water Reactor (PWR))：用高压水作为冷却剂的一类广泛应用的裂变反应堆。

宇宙微波背景辐射 (Cosmic Microwave Background Radiation(CMBR))：大约在“大爆炸”后 38 万年的时候，宇宙处于生命早期产生的微波辐射。

宇宙射线 (cosmic ray)：来自外层空间，到达地球的高能粒子和原子核。

元素 (element)：具有特定化学性质的一个原子，它由一定数量的质子和原子核组成。

原子 (atom)：化学元素的最小单位；如将它进一步分离，各部分将不再具有化学元素的性质。

原子核 (nucleus)：原子的中心部分，具有正电荷及原子质量的主要部分，但仅占有原子体积的极小一部分。

原子序数 (atomic number)：即 Z 值，一个原子中质子的数目。

原子质量 (atomic mass)：原子以碳原子的 1/12 为单位来确定的质量。

约束时间 (confinement time)：表征能量（粒子）从等离子体中损失的特征时间。处于热平衡态的等离子体中，能量约束时间被定义为总的能量储量（MJ）除以总加热功率(MW)。

Z

杂质 (impurities)：等离子体中除氘氚燃料以外的离子。

泽塔 (ZETA)**装置**：原意为零能量热核装置，是1957年建在英国哈韦尔的一个大型环形箍缩实验装置，在相当一段时间内是最大的聚变实验装置。

增殖循环 (breeding cycle)：可以在聚变反应堆产生氚的核反应。由氘氚反应释放出来的中子在围绕等离子体的包层中与锂发生反应，产生1个新的氚原子。这个氚被循环使用，在等离子体中燃烧。必须让增殖循环比略大于1。

诊断(diagnostics)：聚变研究中的术语，用于测量等离子体各种性质，如密度，温度和约束时间的各种方法。

蒸发 (evaporation)：受到加热达到高温时物质材料从表面释出，它使材料表面受到腐蚀，使杂质进入等离子体。

正电子 (positron)：电子的反粒子；与电子质量相同而电荷相反。

直接驱动 (direct drive)：惯性约束聚变中靶丸加热的一种方法，即将激光能量直接聚焦到靶丸的表面上进行加热的方法。需要应用很多激光束以使加热达到均匀。

直线箍缩 (Linear pinch)：也称 *Z*- 箍缩；是一种开端系统，电流沿轴向流动，产生角向磁场，该磁场将等离子体压缩，即箍缩起来。

直线箍缩装置 (*Z*-pinch)：这类装置中等离子体由沿轴向流动的电流所产生的角向磁场所约束。如果是直线装置，z 轴是轴坐标而 θ 是角向坐标；如果是环形装置，电流沿环向而磁场沿极向。

质谱仪 (mass spectrograph)：按原子质量分析样品材料的仪器。样品电离后在电场中加速，让其进入磁场，然后在感光版上记录。磁场中样品离子的轨道是一个圆，其曲率与该离子的荷质比有关。当应用电场时，成为质谱仪。

质子 (proton)：带有单位正电荷，质量与中子接近的基本粒子，参与强相互作用。

中微子 (neutrino)：是一种质量非常小但具有一定能量和动量及自旋的基本粒子。中微子与物质的相互作用非常弱，因此可以在宇宙中自由穿行很长的距离。

中子 (neutron)：一种不带电荷，质量与质子接近的基本粒子。中子与其他基本粒子的相互作用力是核力。

中子星 (neutron star)：由中子构成的密度非常高的星体；被认为是在超新星爆炸过程中产生的。

重离子驱动器 (heavy-ion driver)：惯性约束聚变中用于压缩靶丸的重离子加速器，它可以产生极强的离子束流。

重水 (heavy water)：普通氢被重氢同位素氘置换后的水。

周期表 (periodic table)：首先由门捷列夫在 1869 年发展起来的将化学元素进行分类的方法。将元素按原子质量排成行，再按化学性质排成列。

进一步的读物

概 述

R Herman, *Fusion: The Search for Endless Energy*, Cambridge University Press, New York, 1990; ISBN: 0521383730.
JL Bromberg, *Fusion: Science, Politics and the Invention of a New Energy Source*, MIT Press, Cambridge, MA, 1982. ISBN: 0262521067.
E Rebhan, *Heisser als das Sonnen Feuer*, R Piper Verlag, Munich, 1992(in German).
S Eliezer, Y Eliezer, *The Fourth State of Matter: An Introduction to Plasma Science*, 2nd ed. Institute of Physics Publishing, Philadelphia, 2001, ISBN: 0750307404.

网 址

关于聚变的网站不少，这里列出一些常用而又比较有趣的聚变网址。

http://www.jet.efda.org/
http://www.jet.efda.org/pages/fusion-basics.html
http://fusedweb.pppl.gov/CPEP/Chart.html
http://www.nuc.berkeley.edu/fusion/fusion.html
http://fusioned.gat.com
http://www.iea.org/Textbase/publications/index/asp

第 1 章 – 什么是核聚变

HG Wells, *The World Set Free*, Macmillan, London, 1914.

第 3 章 – 太阳和恒星中的聚变

JD Burchfield, *Lord Kelvin and the Age of the Earth*, University of Chicago Press, Chicago,

1975, Reprinted 1990, ISBN: 0226080439.

G Gamow . *Creation of the Universe*, London, Macmillan, 1961.

J Gribbin, M Gribbin, *Stardust*, Penguin Books, London, 2001, ISBN: 0140283781.

J Gribbon, M Rees . *The Stuff of the Universe: Dark Matter, Mankind and Anthropic Cosmology*, Penguin Books, London, 1995, ISBN: 0140248188.

SW Hawking. *A Brief History of Time: From the Big Bang to Black Holes,* Bantam Press, London, 1995, ISBN: 0553175211.

CA Ronan. *The Natural History of the Universe from the Big Bang to the End of Time*, Bantam Books, London, 1991, ISBN: 0385253273.

第4章 – 人造聚变

TK Fowler. *The Fusion Quest*, The John Hopkins University Press, Baltimore, 1997. ISBN: 0801854563.

P-H Rebut. *L′ Energie des Etoiles: La Fusion Nucleaire Controlee*, Editions Odile Jacob, Paris, 1999. ISBN: 2738107524 (in French).

J Weise. *La fusion Nucleaire*. Presses Universitaires de France, Paris, 2003 ISBN: 2130533094 (in French).

第5章 – 磁约束

CM Braams, PE Stot. *Nuclear Fusion: Half a Century of Magnetic Confinement Fusion Research*, Institute of Physics, Bristol, U.K.,2002, ISBN: 0750307056.

第6章 – 氢 弹

R Rhodes, *Dark Sun. The Making of the Hydrogen Bomb*, Simon & Schuster, 1995, ISBN: 068480400X.

L Arnold. *Britain and the H-Bomb*, Palgrove, U.K., 2001, ISBN: 0333947428.

Tb Cochranm RS Norris. The development of Fusion Weapons, Enchclopaedia Britannica 29, 1998, pp. 578-580.

第7章 – 惯性约束聚变

J Lindl. *Inertial Confinement Fusion: The Quest for Ignition and Energy Gain Using Indirect Drive*, Springer Verlag, New York, 1998, ISBN: 156396662X.

第8章 – 不成功的尝试

F Close. *Too Hot to Handle: The story of the Race for Cold Fusion*, W. H. Allen Publishing,

London, 1990, ISBN: 1852272066.
Jr Huizenga, *Cold Fusion: The Scientific Fiasco of the Century*, Oxford University Press, Oxford, U.K., ISBN: 0198558171.

第9章 – 托卡马克

J Wesson. *Tokamaks*, 3rd, ed., Clarendon Press,Oxford, U.K., 2003, ISBN: 0198509227.

第10章 – 从T-3到ITER

J Wesson. *The Science of JET*, JET Joint Undertaking, Abingdon, U.K., 2000.

第12章 – 为什么我们需要聚变能

BP Statistical Review of World Energy, 52nd ed, British Petroleum, London, June 2003.
JT Houghton. *Global Warming: The Complete Briefing*, 2nd ed., Cambridge University Press, Cambridge, U.K., 1997, ISBN 0521629322: 3rd ed., June 2004.
International Energy Agency. *Energy to 2050 (2003) – Scenarios for a Sustainable Future*, ISBN:92-64-01904-9.
International Energy Agency.World Energy Outlook, to be published November 2004.

词汇索引

C

D

E

F

G

H

I

J

K

L

M

N

O

P

Q

R

S

T

W

X

Y

Z

中文版后记

2006年岁末，中国核学会秘书长傅满昌先生推荐了加里·麦克拉肯（Garry McCracken）和彼得·斯托特（Peter Stott）的新著《宇宙能源——聚变》。就在此前的2006年11月21日，中国、欧盟、美国、日本、俄罗斯、韩国和印度在法国巴黎正式签署了《国际热核聚变实验堆(ITER)联合实施协定》，这标志着这项继国际空间站之后的又一项大型国际合作科学计划实质上进入了正式执行阶段，即将开始工程建设。ITER计划在人类科学发展史上，特别是核能的和平利用上有着非常重要的意义，这也是国际上首个由七个国家和组织以平等的身份共同组织实施的一个大科学计划，其目标是为了彻底地解决人类能源的需求。

2006年，磁约束核聚变被正式列入2006年至2020年《国家中长期科学和技术发展规划纲要》。纲要提出："以参加国际热核聚变实验堆的建设和研究为契机，重点研究大型超导磁体技术、微波加热和驱动技术、中性束注入加热技术、包层技术、氚的大规模实时分离提纯技术、偏滤器技术、数值模拟、等离子体控制和诊断技术、示范堆所需关键材料技术以及深化高温等离子体物理研究和某些以能源为目标的非托克马克途径的探索研究。"

我国政府长期以来非常重视国家能源问题。我国是一个能源大国，在本世纪内每年的能耗都将是数十亿吨标煤。由于条件限制，在长时间内我国能源生产都将以煤为主，所占比例高达70%。考虑到我国社会经济的长期可持续发展，我们必须尽快用可靠的非化石能源（如核裂变或核聚变能、太阳能、水能等）

来取代大部分煤或石油的消耗。因此，必然应该在能力许可范围内积极开展核聚变能的研究，尽可能地参加国际核聚变能的大型合作研发计划（如ITER计划）。我国参加ITER计划正是基于能源长远的基本需求。

加里·麦克拉肯和彼得·斯托特所著的这本《宇宙能源——聚变》以非常通俗的语言和表达形式介绍了受控热核聚变的整个发展进程，包括从基础科学思想的产生到对太阳和恒星中聚变作用的理解；解释了太阳中氢燃烧和恒星以及超新星中较重元素产生的过程；详细介绍了人类试图将太阳发生的核聚变反应用作地球能源而在磁约束和惯性约束方法以及其他各种途径上为实现热核聚变所做的努力，包括目前在众多探讨的实现聚变的途径中最为看好的托卡马克研究的最新进展和国际热核聚变实验堆（ITER）的进程以及未来聚变电站的建造。适合包括普通读者以及关注热核聚变研究的科研工作者等在内的广泛读者群，也可用作高校相关专业学生正式课本的补充读物。

担任本书翻译工作的是核工业西南物理研究院的专家。本书前言部分和第1~2章、第3~4章、第5~6章和术语部分、第7~8章、第9~10章、第11~12章分别由王中天研究员、高庆弟研究员、石秉仁研究员、董家齐研究员、姚良骅研究员和黄锦华研究员翻译。中国核学会秘书长傅满昌先生在百忙之中为本书中文译本作序。部分专家参与了对本书译文的审校工作。

本书从策划、翻译、审校、出版的整个过程自始至终得到了中国核学会秘书长傅满昌先生、核工业西南物理研究院潘传红院长、刘永副院长等领导和专家的大力支持和指导，在此一并致谢。

参与本书审阅和文字加工的还有严建成研究员、钱尚介研究员、丁玄同研究员和张一鸣研究馆员等。

本书中文译本行将交付出版的时候，收到了原著作者加里·麦克拉肯（Garry McCracken）和彼得·斯托特（Peter Stott）先生专门为中译本重新撰写的新序和修订过的后记。在此特别感谢加里·麦克拉肯（Garry McCracken）和彼得·斯托特（Peter Stott）先生对本书中译本翻译出版的关注和热情支持。

由于时间仓促，本书的译本难免存在错漏之处。除表示歉意外，恳请读者指正，以便再版时更正。

在本书出版之际，向关心和支持本书翻译出版工作的中国核学会、原子能出版社以及所有参与翻译、审校和编辑工作的专家和朋友们表示崇高的敬意和诚挚的感谢。

《宇宙能源——聚变》编审组

2007 年 12 月

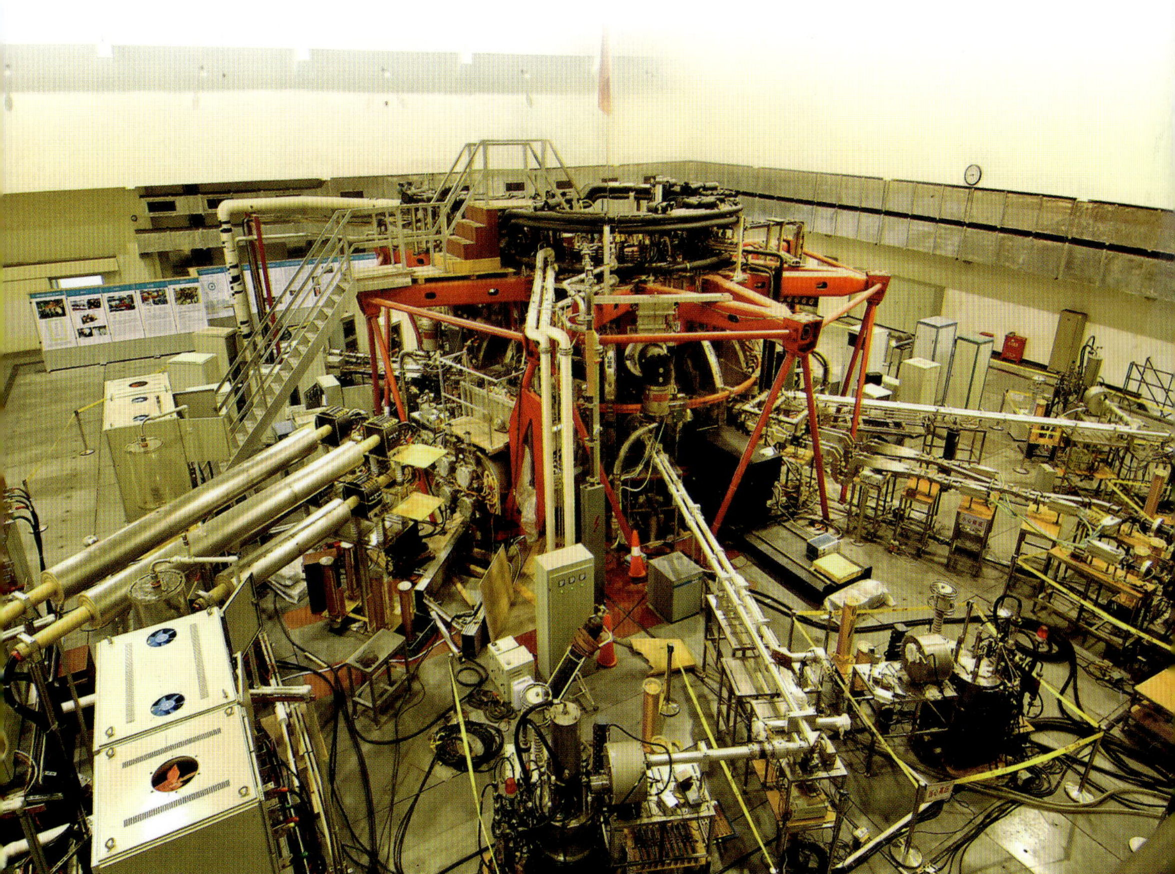

中国环流器二号 A（HL-2A）托卡马克实验装置

核工业西南物理研究院聚变科学所实验大楼